データサイエンスの無駄遣い

無駄遣い

日常の些細な出来事を直面目に分析する

篠田 裕之

JN082230

本書内容に関するお問い合わせについて

このたびは翔泳社の書籍をお買い上げいただき、誠にありがとうございます。
弊社では、読者の皆様からのお問い合わせに適切に対応させていただくため、以下のガイドラインへのご協力をお願いいたしております。
下記項目をお読みいただき、手順に従ってお問い合わせください。

ご質問される前に

弊社 Web サイトの「正誤表」をご参照ください。これまでに判明した正誤や追加情報を掲載しています。

正誤表　https://www.shoeisha.co.jp/book/errata/

ご質問方法

弊社 Web サイトの「刊行物 Q&A」をご利用ください。

刊行物 Q&A　https://www.shoeisha.co.jp/book/qa/

インターネットをご利用でない場合は、FAX または郵便にて、下記翔泳社愛読者サービスセンターまでお問い合わせください。電話でのご質問は、お受けしておりません。

回答について

回答は、ご質問いただいた手段によってご返事申し上げます。ご質問の内容によっては、回答に数日ないしはそれ以上の期間を要する場合があります。

ご質問に際してのご注意

回本書の対象を越えるもの、記述箇所を特定されないもの、また読者固有の環境に起因するご質問等にはお答えできませんので、あらかじめご了承ください。

郵便物送付先およびFAX番号

送付先住所　〒160-0006　東京都新宿区舟町5
FAX番号　　03-5362-3818
宛先　　　　㈱翔泳社 愛読者サービスセンター

本書は私自身が日常生活で感じた様々な疑問をデータ/テクノロジーを用いて分析したものとなる。

本書を手に取った方はデータ分析やアプリケーション開発に興味のある方かもしれないしテック系の読み物が好きな方かもしれない。

どちらの人にとっても本書は奇妙なものに見えるだろう。

題材があまりにも属人的に見えるだろうし、解説で手の内を見せすぎているように映るかもしれない。

まさにその点が本書のユニークな点であり狙いだ。

本書は、文章、データ、様々な側面を通して私自身を解説しているものとなる。同時に幅広くデータ取得やデータ分析、各種アプリケーション、データビジュアライズについて解説した本でもある。

さて、改めて本書の原稿を読み返して思う。「この人はいったい何がしたいんだろう」と。

各章の人物はすべて私自身が題材なのだが、元となる原稿は2014年から2020年までの様々な時期に執筆したものであり、今では少し距離を感じる。

それは当時と比較して、人として成長したということではなく、何かを経験し諦めたり、やさぐれたということかもしれない。

しかし各章の校正作業を通して、枕に顔を埋めて悶えたくなるような当時の感情をまざまざと思い出した。

読者の方々も、全9章からなる本書の各エピソードの中で、少なからず似た体験をしたことがあるのではないかと思う。

ぜひご自身の過去の体験を思い出し、悶えながら読んでいただければ幸いである。

2021年9月吉日

篠田 裕之

INTRODUCTION 本書の対象読者と必要な前提知識

　本書は日常生活で気になるテーマを筆者の独特の視点とデータで分析した書籍です。各章に詳細な解説とサンプルコードを掲載し、読み物としてもデータ分析の学習本としても楽しむことができます。対象読者は以下を想定しています。

- データやテクノロジー、デバイスを用いたテック系の読み物に興味のある方
- データ分析、アプリケーション開発に興味のある方

　各章の本文の技術的な解説を記載している「解説・今後の課題」の必要な前提知識は、以下を想定しています。

- デーサイエンスの基礎知識
- Unityや3Dソフトウェアの基礎知識

CHARACTERISTIC 本書の主な構成

　本書は各章ごとに、はじめに初出や実行環境・データについて紹介し、次に本文、最後に本文の技術的解説、という構成となっています。
　PART1「家の孤独に立ち向かう」は以下の4章です。

- Chapter1　LINEの既読スルーにランダムフォレストで立ち向かう
- Chapter2　多面的な自分と向き合うためのチャットボット
- Chapter3　電子デバイスを駆使して強制的に感情移入できる漫画を作る
- Chapter4　プロジェクションマッピングで在宅ワークの孤独に対抗して"バーチャル職場"を作り出す

　PART2「街の孤独に立ち向かう」は以下の5章です。

- Chapter5 「休日に会社の同僚と遭遇しないための動き方」を物理シミュレーションとゲーマーの英知で解き明かす
- Chapter6 飲み会で孤立しないためのセル・オートマトン
- Chapter7 飲み会の帰り道での孤立に、ARシミュレーションで立ち向かう
- Chapter8 「満員電車で快適に過ごすための動き方」を物理シミュレーションで解き明かす
- Chapter9 すべての孤独に悟りとデータサイエンスで立ち向かう

About the SAMPLE　本書のサンプルの動作環境とサンプルプログラムについて

本書で共通する実行環境は下記の通りとなります。各エピソード固有の実行環境・デバイスはその都度紹介します。

- OS：MacOS Mojave（Chapter7のみMacOS Big Sur）
- PC：Mac Book Pro
- Python：3.9.2

付属データのご案内

本書の付属データ（各エピソードのデータ、コード、ファイルの一部）は、筆者のGitHubにて公開しています。

付属データのダウンロードサイト

URL https://github.com/mirandora/ds_book

注意

付属データに関する権利は著者および株式会社翔泳社が所有しています。許可なく配布したり、Webサイトに転載したりすることはできません。

付属データの提供は予告なく終了することがあります。あらかじめご了承ください。

会員特典データのご案内

会員特典データは、以下のサイトからダウンロードして入手いただけます。

会員特典データのダウンロードサイト

URL https://www.shoeisha.co.jp/book/present/9784798165257

注意

　会員特典データをダウンロードするには、SHOEISHA iD（翔泳社が運営する無料の会員制度）への会員登録が必要です。詳しくは、Webサイトをご覧ください。

　会員特典データに関する権利は著者および株式会社翔泳社が所有しています。許可なく配布したり、Webサイトに転載したりすることはできません。

　会員特典データの提供は予告なく終了することがあります。あらかじめご了承ください。

免責事項

　付属データおよび会員特典データの記載内容は、2021年9月現在の法令等に基づいています。

　付属データおよび会員特典データに記載されたURL等は予告なく変更される場合があります。

　付属データおよび会員特典データの提供にあたっては正確な記述につとめましたが、著者や出版社などのいずれも、その内容に対して何らかの保証をするものではなく、内容やサンプルに基づくいかなる運用結果に関してもいっさいの責任を負いません。

　付属データおよび会員特典データに記載されている会社名、製品名はそれぞれ各社の商標および登録商標です。

著作権等について

　付属データおよび会員特典データの著作権は、著者および株式会社翔泳社が所有しています。個人で使用する以外に利用することはできません。許可なくネットワークを通じて配布を行うこともできません。個人的に使用する場合は、ソースコードの改変や流用は自由です。商用利用に関しては、株式会社翔泳社へご一報ください。

2021年9月
株式会社翔泳社　編集部

CONTENTS

PROLOGUE それはコミュニケーションの問題ではなく データサイエンスの問題 001

PART1 家の孤独に立ち向かう 007

CHAPTER 1 LINEの既読スルーに ランダムフォレストで立ち向かう 009

CHAPTER 2　多面的な自分と向き合うためのチャットボット　057

PART2　街の孤独に立ち向かう　175

CHAPTER 8 「満員電車で快適に過ごすための動き方」を
物理シミュレーションで解き明かす　273

PROLOGUE

それはコミュニケーションの問題ではなくデータサイエンスの問題

コミュニケーションスキルとは何だろうか。

ユーモアを交えた空気作りができることだろうか。
礼節を踏まえた立ち振る舞いができることだろうか。
秀逸な例えができることだろうか。
レスポンスの早さだろうか。

どれも重要かもしれない。

本書はコミュニケーションについて解説するものではない。
だからといってコミュニケーションを諦めた人間の本でもない。

日々孤独にプログラミングをしながら、
それでも他人とのつながりの中に、
自分のブレイクスルーを希求してしまう人間の試行錯誤である。

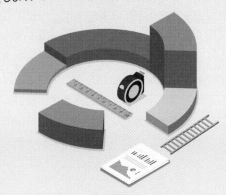

0.1 日々の孤独に データサイエンスで立ち向かう

　誰に会う用事もない週末の夜。ひとり入った定食屋で注文を待っている間に何気なくスマホを操作し、そういえば先日とある知人に送ったLINEが既読スルーのままであることを思い出す。何なら返信がくる確率よりも私が今遊んでいるスマホゲームのガチャでそれなりのアイテムが当たる確率のほうが高いかもしれない。

　それでも飲み会で孤立し、ほぼ注文以外の発言が皆無だった時間や、飲み屋から駅までの帰り道みんなが楽しそうに飲み会の余韻に浸りながら話しているときに、ひとり輪からはずれてスマホを見ている"ふり"をしている時間よりは穏やかな夜だ。

　これらは従来コミュニケーションの問題と思われてきた。しかし実はコンピュータサイエンス、データサイエンスの問題であり、エンジニアが解決するべき問題であるということが本書の主題だ。

　私は上記のような類の孤独や生活の不安に日々遭遇している。しかしそれらの状況を悲しんではいない。どれだけLINEで既読スルーされようが、どれだけ飲み会で孤立しようが、その孤独が起きる現象を淡々とデータ化し、解析している。

　本書は、「家での孤独」から出発し、「街の孤独」へと展開していく。現在のテクノロジーはLINEの既読スルーはじめ、家でも街でも攻撃的であり、自分だけが誰とも繋がっていないことを切に感じさせる。その一方で、それらがログとして残っていることに一縷の望みをかけたい。

　本書の内容はあくまで一般的事象について考察したものではなく、私自身の実体験をデータ分析やシミュレーションによって検証するものである。そうは言ってもまあまあ充実している人間関係の中で、「孤独な人ぶってポーズで書いているんだろう」と思われるかもしれない。そう思ってもらって構わない。実際の私が充実しているかは多分に主観によるところがあるが、私は孤独をネガティブに捉えていない。自分に向き合う時間をどれだけ持てているかの尺度だと思っている。例えば私は独り言をよく言う。金曜日の夜、家に帰宅してからすべての動作を声に出して解説しながら動くと、とても気分がハイになるという生活のハックを持っている。

　「その写真も言動ももっと明るく補正したほうが映えますよ。」と会社の後輩によく言われる。「うるさい」と。「鍵付きのSNSにも書けないような、レベル補正でがんがんに暗くモノトーンにした薄暗い情念の中に、本当の私が体現されるデータがあるのだ」と思いたい。

　それでは共に孤独の日々をデータで振り返ろう。

0.2 本書の構成について

　本書は多分に私のエッセイのような装いでありつつ、データ分析に関する本となる。しかしながら本書のデータ分析は様々なバイアスがある点に注意してほしい。そもそもデータは筆者自身のものに限られ、データのサンプルサイズや取得範囲は限定的である。そのため、読者の方がご自身のデータで検証できるよう、各エピソードでは可能な限り、使用したデータ、実行環境、サンプルプログラムなどを「解説・今後の課題」の節にて共有する。一般的な読者の方は各エピソードの本稿を読んでいただき、「解説・今後の課題」は飛ばしていただくと読みやすいだろう。もしデータ分析に興味がある方は、「解説・今後の課題」も参照してほしい。

　本書で紹介するエピソードは、書き下ろしエピソードのほか、ITmedia NEWSで連載中の「データサイエンスな日常」（**URL** https://www.itmedia. co.jp/news/series/13864/）、筆者のサイト（**URL** https://www.mirandora. com）で掲載され、特にSNSなどで反響の大きかったものを中心に大幅に加筆修正の上、掲載している。各エピソードタイトルはできるだけ初出そのままにしている。そのため本文の加筆修正により細かいニュアンスや用いる分析手法が異なる場合は、都度本文中に記載しておくこととする。

本書の実行環境について

　本書の実行・検証環境は各章でも紹介しているが、本書で共通する実行環境は下記の通りとなる。各エピソード固有の実行環境・デバイスはその都度紹介する。

- PC：Mac Book Pro (MacOS Mojave)
  ※2.3節のみ Mac Book Pro (MacOS Big Sur)
- Python：3.9.2

本書のデータについて

　本書のサンプルデータのURLは各章でも紹介しているが、本書の各エピソードのデータ、コード、ファイルの一部は筆者のGitHubにて公開している。

データサイエンスの無駄遣い

`URL` https://github.com/mirandora/ds_book

PART 1
家の孤独に立ち向かう

私は家で過ごす時間が好きだ。
仕事、読書、趣味。1人何かに集中するとき高揚感を感じる。

しかし集中力が途切れたとき、
最後に人に会ったのはいつだったか、
次に人に会うのはいつだろうかと、ふと思う。

連絡した相手からのまだ来ない返信。
先週の友人との他愛のない会話。

待つのは未来、思い出すのは過去。
現在に集中できていないとき、私は孤独を感じる。

孤独の解決策は家を出て人に会うことではない。
答えは家の中にあるのだ。

CHAPTER 1

LINEの既読スルーに
ランダムフォレストで立ち向かう

既読スルー、未読スルー、連絡が来たがそっけない、連絡先を知らない、
これらを期待値順に並び替えようと思うとなかなかに難しい。
確定していない状態に対してどこまで期待するかのスタンスにもよるだろう。

時々、仕事でもプライベートでも、
こちらからのメッセージに対して相手の返答次第で、
大きく自分のこれからが変わるようなシチュエーションにおいて、
返答を待つ辛さから逃れたい一心で、
返答が来るまで自分を冷凍保存してくれないかと妄想することがある。
返信が来る未来まで瞬間ワープすることと同義だ。

この妄想は必ず相手から返信があるという前提がないと成立しない。
既読スルーされると世界の終末にワープする羽目になる。
しかし、それはそれでオール・オア・ナッシングな感じがエモい気もする。
いや気のせいだな、全くそんなことはないな、
と3日くらい妄想していると、大概の返信は来る。
それでも来ない返信は仕方がない。

1.1 本章で紹介する内容について

本章で紹介する内容の初出について

- 2015年、mirandora.comにて掲載
- 第7回ニコニコデータ学会βデータ研究会にて発表

本章の実行環境とデータについて

- 分析環境：Python（3.9.2）
- 本稿で使用しているPythonパッケージおよび各バージョン
  - matplotlib（3.4.1）
  - seaborn（0.11.1）
  - pandas（1.2.4）
  - numpy（1.20.2）
  - beautifulsoup4（4.9.3）
  - urllib3（1.26.4）
  - emoji（1.2.0）
  - scikit-learn（0.24.2）
  - lightgbm（3.2.1）
  - imbalanced-learn（0.8.0）
  - imblearn（0.0）
- 本稿のデータ
  （URL）https://github.com/mirandora/ds_book/tree/main/1_1）

1.2 LINEの既読スルーにランダムフォレストで立ち向かう

既読スルーに対してオプティミストな思考はいらない

　私はどちらかと言えば痩せ型であるが、よく食べるしお酒もよく飲む。食事が好きだし料理もする。就寝時に明日の朝起きたらコーヒーメーカーでコスタリカの豆を挽いてフレンチトーストでも作って食べようと思うと、それだけで前向きな気分で眠りにつける。昼間の仕事中に夜にスンドゥブでも食べに行こうかと考えると在宅ワークの家で1人笑みが溢れる。そして週末は近所の友人や会社の同僚と少人数で飲みに行こうと計画を立てる。

　ところが、週末のビールを阻む大いなる壁がある。

　そう、おなじみ「既読スルー」だ。

　飲みに誘ってもレスポンスがないのだから飲みに行けない（1人飲みは嫌いではないが、行くお店が限られる）。

　「え？　既読スルーって、友人の間でもカジュアルに起こることなの？」と思った貴君、**私だってこの状態が当たり前だとは思っていない。**

　メールコミュニケーションの時代は返信が来なかろうが、

　「バイト中なんだろう」
　「友人と会っているんだろう」
　「もう寝たんだろう」
　「海外旅行中なんだろう」
　「ケータイ紛失したんだろう」

などのオプティミストの思考が思春期を生き残る必須スキルだった。しかし今のチャットアプリの時代は無情にも「既読」がある。

　そこで本稿では、「自分自身のチャットデータを機械学習し、メッセージごとに"既読スルーされる確率"を予測」する。

この予測モデルにより、

「木曜日午後10時に、Aさんに"笑"を多用したチャットを送ったので あれば78%返信が来なくても当然」

と論理的に判断することができる。
　さらに、既読スルーされないためには、何曜日何時、誰にどのようなチャットをするべきかがわかる。
　もう既読スルーに対してオプティミストの思考はいらない。

8年間の熟成された既読スルーデータ

　まずはチャットデータを取得する。本稿は「LINE」の語を冠した初出のタイトルをそのままにしているが、LINEに加えFacebookのチャット履歴も用いる。具体的なデータ取得方法・前処理は次の「SECTION1.3　解説・今後の課題」にて紹介する。本章で用いた実際の自分自身のチャットデータの概要は表1.1となる。

表1.1：本稿で用いるチャットデータの概要

項目	詳細
チャット期間	2012年10月〜2020年12月
対象	性別・年齢様々な7名
チャット数	23,337
自分から送信したチャット数	11,904
チャット中の既読スルー数	141

　「既読スルー」は自分が送ったメッセージに対して3日以内に返信がなかったものとする。本稿では既読スルーと未読スルーの厳密な区別はしていない。プログラムでの機械的な処理ののち、目視で適宜修正した。(意味合い的に会話が終了している場合などは除いた)結果として自分から送信したチャット11,904中、141が既読スルーと判定された。割合にして1.2%ほどとなる。体感としてはもっと多いかと思っていたが絶対数が141なのだから、むしろよく耐えたと言いたい。

7人とのチャット数・既読スルー数は表1.2となる。

表1.2：7人とのチャット数・既読スルー数

ユーザ	チャット数	既読スルー数
ユーザA	128	7
ユーザB	329	18
ユーザC	2,539	31
ユーザD	173	6
ユーザE	1,153	70
ユーザF	7,149	3
ユーザG	433	6

　選定したユーザは、前述の通り性別・年齢は様々である。すでに関係が途切れた人（直近のチャットログがない人）は本稿の分析意図に適さないため選定していない。疎遠になったわけではないのに既読スルーされるのはなぜかを分析したいからだ。また本来、ユーザ属性（性別・年齢、関係性）は重要であると思われるがプライバシーの観点および、そういったユーザ属性は間接的にチャットデータのやりとりに表出されるであろうことを考慮してデータに加えていない。加えてチャットには仕事関連の内容は含まれない（私の職場では業務用のチャットツールが用意されている）。1人だけチャット数が異様に多いユーザFは、会社の後輩で私のトレーニー（男）である。トレーニーですら私のチャットを3回既読スルーしている事実に返信を待っていた当時も震えたものだが、改めて震える。

いつでもつながれる時代だからこそタイミングは重要

まずは、自分から送信したチャットの時間帯を集計してみる（図1.1）。

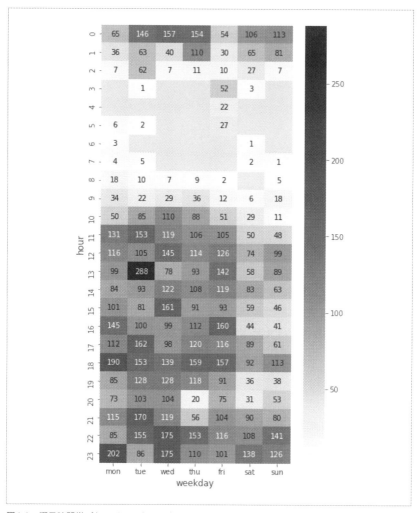

図1.1：曜日時間帯ごとのチャット

　平均的な活動時間帯同様、深夜は少なく、平日の日中が多いようだ。最もチャットをしたのは火曜日13時だった。

　次に各曜日時間帯ごとに既読スルー率を集計する（図1.2）。

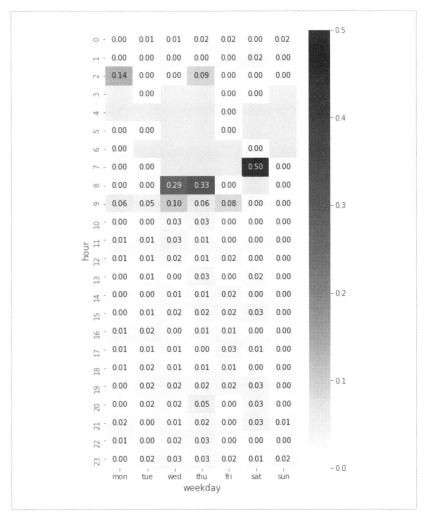

図1.2：曜日時間帯ごとの既読スルー率

　最も既読スルー率が高かったのは午前7〜9時台であった。朝早くの
チャットはすぐに返信ができないためか既読スルーされやすい。同様の理由
か深夜2時台も既読スルー率が高かった。**自分がシンプルに迷惑な人間な気
がしてきた。**いつでもコミュニケーションを取ることができる時代だからこ
そ、いつ連絡すべきかに敏感な人間でありたい。

絵文字や"笑"を使用しない逃げの"！"

　次に、チャット相手ごとにデータの概要を集計し、既読スルー率との相関を確認しておく。まず表1.3のような項目に注目した。

表1.3：相手からのチャットデータにおける特徴量

項目名	概要
message_days	チャットを始めてからの日数
message_count	総期間のチャット数
text_from_mean	相手からのチャットの平均文字数
emoji_from_mean	相手からのチャットに含まれる平均絵文字数
continue_from_mean	相手からのチャットの平均連投数
exclamation_from_mean	相手からのチャットに含まれる平均"！"文字数
question_from_mean	相手からのチャットに含まれる平均"？"文字数
laugh_from_mean	相手からのチャットに含まれる平均"笑"文字数
reply_from_mean	相手の平均返信日数
through_rate	相手の平均既読スルー率

　なお、以降"！"、"？"や"笑"の表記ゆれ（全角文字と半角文字の違いなど）は吸収している。また"笑"は"w"も含む。

　表1.3の項目間での相関係数は図1.3となる。

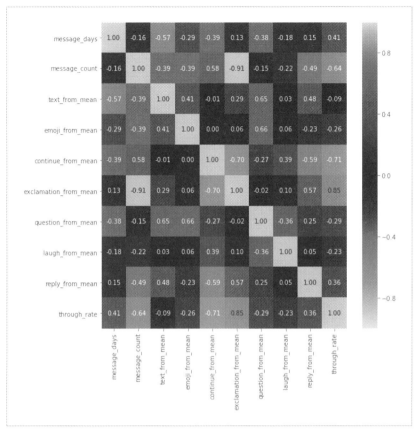

図1.3：相手からのチャットデータ特徴量間での相関係数

　サンプルサイズが7人と少ない点に留意されたい。そのためここでは結論は出さず、あくまでデータの概要の確認にとどめ、詳細は後述の機械学習のパートにて検証する。

　まず特にthrough_rateと各項目の相関に着目してみる。「message_count（総メッセージ数）」「continue_from_mean（相手からの平均連投数）」は「through_rate（既読スルー率）」との相関係数がそれぞれ-0.71、-0.64と負の相関が高い。やりとりが多い人や、相手から連投してくるような人は既読スルー率が低いのかもしれない。

　一方で、「exclamation_from_mean（相手からのチャットに含まれる平均"！"文字数）」は既読スルー率との相関が0.85と非常に高い。チャットに

"！"が多いことは親密さにつながり既読スルー率を下げてくれそうなものだが、そうではないのかもしれない。反対に「emoji_from_mean（相手からのチャットに含まれる平均絵文字数）」や「laugh_from_mean（相手からのチャットに含まれる平均"笑"文字数）」は既読スルー率と負の相関がある。相手からのチャットに絵文字や"笑"が多いことは既読スルー率の低下につながるのだろうか。つまり、"！"が多いということは、絵文字や"笑"を使わず"！"を使用していると考えられ、むしろ距離感のバロメーターとして作用するのかもしれない。

その他、「question_from_mean（相手からのチャットに含まれる平均"？"文字数）」は既読スルー率と逆相関であった。相手から質問されるような人間になろう。

今度は逆にこちらから相手へのチャットの傾向を分析してみる（表1.4、図1.4）。

表1.4：自分からのチャットデータにおける特徴量

項目名	概要
message_days	チャットを始めてからの日数
message_count	総期間のチャット数
text_to_mean	自分から相手へのチャットの平均文字数
emoji_to_mean	自分から相手へのチャットに含まれる平均絵文字数
continue_to_mean	自分から相手へのチャットの平均連投数
exclamation_to_mean	自分から相手へのチャットに含まれる平均"！"文字数
question_to_mean	自分から相手へのチャットに含まれる平均"？"文字数
laugh_to_mean	自分から相手へのチャットに含まれる平均"笑"文字数
reply_to_mean	自分から相手への平均返信日数
through_rate	相手の平均既読スルー率

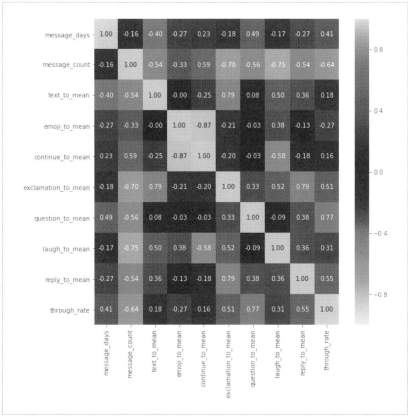

図1.4：自分からのチャットデータ特徴量間での相関係数

　自分から相手へのチャットの " ！ "、" ？ " および " 笑 " が多いことはすべて
既読スルー率と正の相関がある。質問に対して返信があるとは限らない。唯
一許されるのは絵文字のみだ。つまり私も絵文字の利用で距離感を図ってい
ると言えるかもしれない（そもそも私はそこまで絵文字を使うほうではない
が、👀 と 👀 は多用しているかもしれない）。

様々なプロットにより明らかになる恐ろしい事実

　データ概要の確認の最後に、相手ごとの傾向の違いを見ておく。集計に用いるデータは自分から相手に送ったチャットのみとする。まずは縦軸をチャット相手、横軸をチャットのテキストの長さとして、各チャットが既読スルーされたかどうかを散布図で確認する。色の濃いプロットが既読スルーされたチャットとなる（図1.5）。

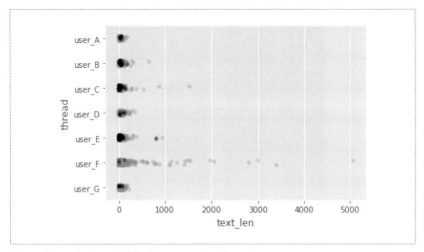

図1.5：各ユーザにおける文字数ごとのチャットのプロット

　まず、前述の会社の後輩であるuser_F（トレーニー・男）とは、他の相手と異なり圧倒的にテキストの文字数が多い。チャットでやりとりするレベルではない。これは日々の悩みのようなものも含まれるし、専門ジャンルの情報共有なども含まれるためであった。このままではわかりづらいため、文字数上限を400として再びプロットしてみる（図1.6）。

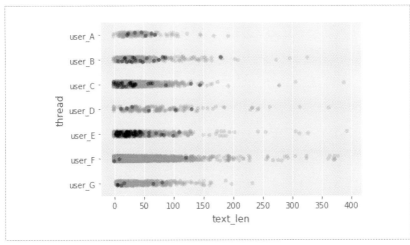

図1.6：各ユーザにおける文字数ごとのチャットのプロット（文字数上限400）

　200文字より多いチャットは既読スルーされていないようだ。よかった。**長いチャットが既読スルーされるとメッセージを受け取った相手も送った自分も辛い**。200文字未満の場合は、一見しただけでは傾向がわからない。これは次項の機械学習にて分析する。

　次に縦軸をチャット相手、横軸を " ！ " 使用数として、各チャットをプロットする（図1.7）。

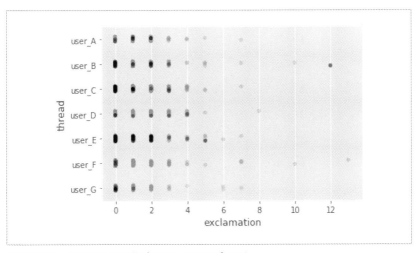

図1.7：各ユーザにおける文字数ごとのチャットのプロット

　先ほど、" ！ "の多さはむしろ既読スルー率と相関が高いと述べたが個別の
チャットをプロットすると（**図1.8**、**図1.9**）必ずしも " ！ "が多いほど既読
スルーされているとは言えなさそうだ。同様の傾向は " ？ "や"笑"について
も確認されるため、次項の機械学習での分析の際に留意しておく。

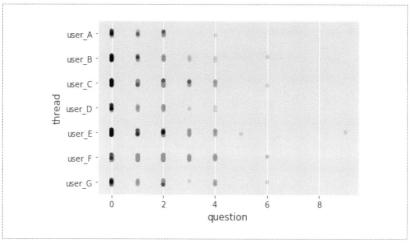

図1.8：各ユーザにおける " ？ "使用回数ごとのチャットのプロット

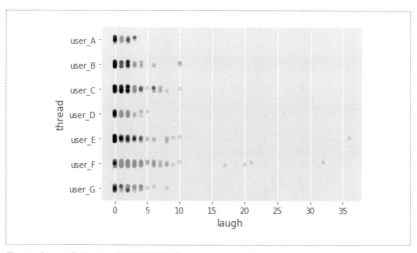

図1.9：各ユーザにおける"笑"使用回数ごとのチャットのプロット

むしろ、上記"笑"使用数と既読スルーのプロットにおいて、ユーザEと**1つのチャット内で最大36回の"笑"を使用していたことが自分でも不安になる**。具体的なテキストの提示は控えさせていただくが、全く笑えない痛々しいチャットだった。

機械学習による既読スルー予測モデルの生成

それではいよいよ、自分から相手に送信したチャットデータを用いて既読スルーされる確率を機械学習を用いて予測していく。機械学習モデルの精度検証のため、学習に用いるデータと精度検証用のデータを分けておく。相手ごとに直近20%のデータをテストデータとして学習データから除外した。

学習データと検証データのチャット数と既読スルー数を確認しておく（表1.5）。**直近のほうが、既読スルー率が上がってないか？**

表1.5：学習データと検証データのチャット数と既読スルー数

データ種類	チャット数	既読スルー数	既読スルー率
学習データ（過去80%のログ）	9,327	105	1.1%
テストデータ（直近20%のログ）	2,436	36	1.5%

学習データ、テストデータともにもとのテキストや時間から各種特徴量を生成したのち除外し、最終的に表1.6の39個の特徴量を含むデータを用いた。

表1.6：39個の特徴量を含むデータ

項目名	概要
thread	誰とのチャットか
text_len	チャットの文字数
emoji	チャットの絵文字数
exclamation	チャットの"！"文字数
question	チャットの"？"文字数
laugh	チャットの"笑"文字数
continue	そのチャットが何連投目か
hour	チャットの送信時間

（続く）

（続き）

項目名	概要
weekday	チャットの送信曜日
text_from_mean	相手からのチャットの平均文字数
emoji_from_mean	相手からのチャットに含まれる平均絵文字数
continue_from_mean	相手からのチャットの平均連投数
exclamation_from_mean	相手からのチャットに含まれる平均"！"文字数
question_from_mean	相手からのチャットに含まれる平均"？"文字数
laugh_from_mean	相手からのチャットに含まれる平均"笑"文字数
reply_from_mean	相手の平均返信日数
text_from_max	相手からのチャットの最大文字数
emoji_from_max	相手からのチャットに含まれる最大絵文字数
continue_from_max	相手からのチャットの最大連投数
exclamation_from_max	相手からのチャットに含まれる最大"！"文字数
question_from_max	相手からのチャットに含まれる最大"？"文字数
laugh_from_max	相手からのチャットに含まれる最大"笑"文字数
reply_from_max	相手の最大返信日数
text_to_mean	自分から相手へのチャットの平均文字数
emoji_to_mean	自分から相手へのチャットに含まれる平均絵文字数
continue_to_mean	自分から相手へのチャットの平均連投数
exclamation_to_mean	自分から相手へのチャットに含まれる平均"！"文字数
question_to_mean	自分から相手へのチャットに含まれる平均"？"文字数
laugh_to_mean	自分から相手へのチャットに含まれる平均"笑"文字数
reply_to_mean	自分から相手への平均返信日数
text_to_max	自分から相手へのチャットの最大文字数
emoji_to_max	自分から相手へのチャットに含まれる最大絵文字数
continue_to_max	自分から相手へのチャットの最大連投数
exclamation_to_max	自分から相手へのチャットに含まれる最大"！"文字数
question_to_max	自分から相手へのチャットに含まれる最大"？"文字数
laugh_to_max	自分から相手へのチャットに含まれる最大"笑"文字数
reply_to_max	自分から相手への最大返信日数
message_days	チャットを始めてからの日数
message_count	総チャット数

　本データは送信したチャット数全体の1.2%のみが既読スルーという不均衡なデータであるため、適宜ダウンサンプリングを行い学習した。具体的な学習フローは次の「SECTION1.3　解説・今後の課題」に記す。結果、学習に用いていないテストデータに対する精度は表1.7の値となった。

表1.7：学習に用いていないテストデータに対する精度

accuracy	0.94916
AUC	0.87020

　学習したモデルにおける各特徴量の重要度は図1.10のようになった。

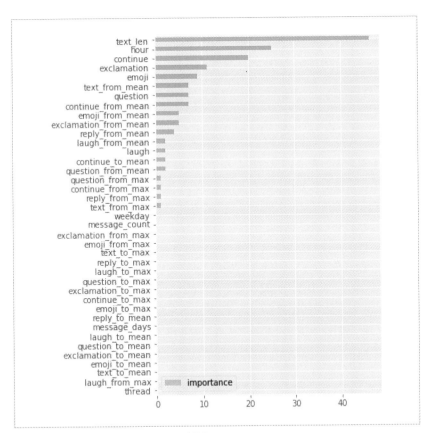

図1.10：予測モデルにおける各特徴量の重要度

　各チャットが既読スルーされるか否かの予測には「text_len（文字数）」が最も重要であった。次いで「hour（送信時間）」、「continue（そのチャットが何連投目か）」、「exclamation（"！"文字数）」「emoji（絵文字数）」「text_from_mean（相手からのチャットの平均文字数）」「question（"？"文字数）」と続く。

機械学習モデルによって過去の既読スルーを救う

　作成した機械学習モデルを用いて、「過去の既読スルーされたチャットをどのように変更すれば既読スルーされないと予想されるか」を検証する。

　例えば、表1.8は機械学習モデルによって既読スルーされると判定され、実際に既読スルーされたものである。

表1.8：機械学習モデルによって既読スルーされると判定されて実際に既読スルーされたもの

送信相手	テキスト	送信日時
ユーザD	では、夕方あたりにどこかでさくっとお話しして そのまま飲みに行きましょう！	2020/10/13 22:29

　返信も来なかったし、夕方あたりにどこかでさくっとお話もしなかったし、そのまま飲みにも行かなかった。ただし上記チャットデータにおける、今回作成した予測モデルによって算出された既読スルー確率は0.5417であり、少しの工夫で返信が来たかもしれない。まず送る時間帯は悪くないがより確実に返信を望むならあえて次の日の昼前後まで待ったほうがよいだろう。ここでは次の日11時とする。次に"！"よりも絵文字の利用のほうがよい。"！"の代わりに😊と👀を加える。また、できれば"笑"も入れておきたいところだ。文章的に難しいが、私は"笑"をミーニングレスに使用しがちであるため、適当に「飲み」の後に入れておこう。最終的に表1.9のように変更した。

表1.9：変更したチャットの内容

送信相手	テキスト	送信日時
ユーザD	では、夕方あたりにどこかでさくっとお話しして😊 そのまま飲み笑に行きましょう👀	2020/10/14 11:29

このデータを用いて機械学習モデルで再度、既読スルー率を算出したところ、0.2570まで下がった。ただし、文章的に**寒気がする**。多用は禁物だ。ここぞというときのみに本モデルを使用することにしようと心に誓う。

1.3 解説・今後の課題

本節では、本稿で述べたデータの取得、分析方法について具体的なコードとともに述べる。

チャットデータの取得

本節の内容は2020年12月時点のUIに基づく。各プラットフォームのUI・サービス変更により本稿の内容と異なる場合がある。またデータ取得は個人の責任で行うものとし、ご自身のデータの取り扱いはプライバシーに注意されたい。

LINEの場合、スマホのLINEアプリにて履歴データを取得したいスレッドを選択し、右上の「メニュー」ボタンをタップする（図1.11）。

図1.11：LINEアプリで特定の人とのチャットを選択し右上の「メニュー」ボタンをタップする

メニュー下の「その他」（図1.12）から「トーク履歴を送信」を選択する（図1.13）。その後、メールなど各種送信先を選択する。通常、1分ほどで送信は完了する。

図1.12：メニュー下の「その他」を選択する

図1.13：「トーク履歴を送信」を選択する

データは .txt形式となり、写真は [写真]、スタンプは [スタンプ] と表示される。内容は図1.14のようなものとなる。

```
[LINE] 　　　とのトーク履歴
保存日時：2020/12/26 23:14

2018/07/07(土)
12:40

13:37    HiroyukiS

17:13

17:37    HiroyukiS
```

図1.14：LINE「トーク履歴を送信」から取得した.txt形式のファイル

　LINEのトーク履歴データは可読性に優れているが、プログラミングで機械的に処理を行うにはいくつか前処理が必要となる（次項参照）。

　続いて、Facebookのメッセージ履歴の取得について紹介する。PCでFacebookを開き、右上のメニューボタンから「設定とプライバシー」→「設定」を選択する（図1.15❶❷❸）。

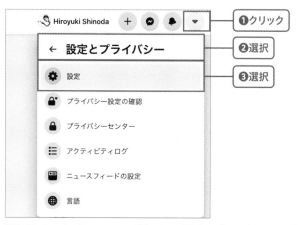

図1.15：Facebookのメニューボタンから「設定とプライバシー」→「設定」を選択

　設定画面から「あなたのFacebook情報」を選択し、「個人データをダウンロード」の「見る」をクリックする（図1.16）。

図1.16：「あなたのFacebook情報」→「個人データをダウンロード」の「見る」をクリック

　ここで、どの情報をダウンロードするかを選択できる（図1.17）。本稿ではメッセージ履歴のみ必要なため、一度「選択をすべて解除」をクリックしたのち、メッセージのチェックボックスのみオンにする[※1]。データの設定を変更できるが、期間は「すべての自分のデータ」のまま❶、フォーマットは「HTML」❷、メディアの画質は「低」として進める❸。「ファイルを作成」をクリックすると❹、データの準備が始まる。データ量による（少ない場合は短くなる）が1時間ほど要する。

図1.17：メッセージのチェックボックスのみオンにし、「期間」「フォーマット」「メディアの画質」を適宜設定し、「ファイルを作成」をクリック

[※1] 「選択を全て解除」が表示されている状態はすべてのアカウントデータが選択されている状態となる。本稿ではメッセージデータのみ必要なため、一度「選択を全て解除」をクリックして、メッセージのチェックボックスのみオン、としている。

データの準備が完了したら同じページの「ダウンロード可能なコピー」からダウンロードできる（図1.18）。添付ファイルデータなども含まれるため容量が大きい点に留意されたい。

個人データをダウンロード

あなたのFacebook情報のコピーはいつでもダウンロードすることができます。完全なコピーをダウンロードすることも、特定の情報や期間を選択してダウンロードすることも可能です。この情報は閲覧しやすいHTML形式、あるいは他のサービスにインポートしやすいJSON形式にてダウンロードできます。

情報のダウンロードはパスワードで保護されており、他の人はアクセスできません。コピーの作成後、数日以内にダウンロードしてください。

また、ダウンロードせずにあなたのFacebookデータを確認したい場合は、いつでもあなたのデータにアクセスすることができます。

コピーをリクエスト　**ダウンロード可能なコピー** 2

2008/07/11〜2020/12/25
メッセージ (2 GB)
リクエスト日時: 12月25日17:18　　　　　　　　　　　　　　　　　　　　　削除
HTML形式
低画質メディア

ファイル1/1(2 GB)　　　　　　　　　　　　　　　　　　　　　　　もう一度ダウンロード
有効期限: 2020/12/29

図1.18：「ダウンロード可能なコピー」から必要なファイルをダウンロード

　ダウンロードしたzipファイルを解凍し「messages」の中の「inbox」に各スレッドごとのデータがある。この中の「`message_*.html`」が必要なファイルとなる（通常は`message_1.html`。チャット履歴が多いと、`message_2.html`などに分割される）。htmlファイルのため、ダブルクリックすると内容をブラウザで中身を確認できる。分析したいスレッドのファイルを分析環境にコピーしておく（図1.19）。

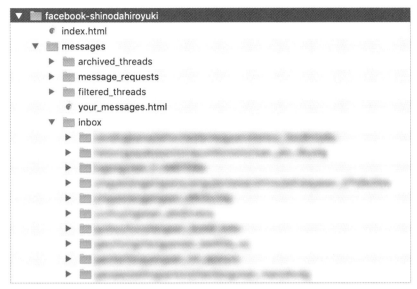

図1.19：解凍したデータ中の「messages」→「inbox」のフォルダの中から必要なmessageの
　　　　htmlファイルを適宜データ分析環境にコピー

チャットデータの整形

　本稿で用いた具体的なコードを以下に紹介する。なお、Pythonを用いた基本的な機械学習の処理についての説明は割愛する。ご参考までに一連の実行可能なコードはNotebook形式として筆者GitHub（ **URL** https://github.com/mirandora/ds_book/tree/main/1_1）にて公開する。

　まずは必要なPythonパッケージをインポートしておく（**リスト1.1**）。Beautiful Soupはhtmlの解析のためのパッケージであり、Facebookのhtml形式のチャットデータの整形に用いる。emojiは絵文字コードに関するパッケージであり、文中に絵文字が含まれているかの判定に用いる。

リスト1.1　必要なPythonパッケージをインポート

```
In  %matplotlib inline
    import matplotlib.pyplot as plt
    import seaborn as sns
    plt.style.use('ggplot')
```

```
import pandas as pd
import numpy as np
from bs4 import BeautifulSoup
import urllib.request
from datetime import datetime as dt
import emoji
```

テキスト中に含まれる任意の文字の個数をcount_charという関数とし
て定義しておく（リスト1.2）。テキストを1文字ごとにチェックしていき、
もしその文字がカウントしたい文字に該当する場合はchar_countを増や
していく。

リスト1.2　テキスト中の任意の文字のカウントをcount_charという関数として定義

```
def count_char(text, char_list):
    char_count = 0
    for c in text:
        if c in char_list:
            char_count += 1
    return char_count
```

例えばリスト1.3のように用いることで、文中に「笑」関連の文字が何個含
まれているかを判定する。

リスト1.3　文中に「笑」関連の文字が何個含まれているかを判定

```
count_char("ww 完全に寝坊した笑",["笑","わら","w"])
```

次にLINE、Facebookで共通の処理を関数として定義しておく。まずは
チャットデータのDataFrameが与えられたときに各種統計量を付与する関
数となる。
　引数として、"chat_dir"をとり、"from"の場合は相手からのチャッ
トの統計量データ、"to"の場合は自分からのチャットの統計量データが付
与される（リスト1.4）。

リスト1.4　LINE、Facebookで共通のチャットの各種統計量を算出する処理を関数として定義

In

```
def get_chat_stat(tmp_df, chat_dir, name):
    tmp_df[f"text_{chat_dir}_mean"] = ➡
tmp_df[tmp_df["from"] == name]["text_len"].mean()
    tmp_df[f"emoji_{chat_dir}_mean"] = ➡
tmp_df[tmp_df["from"] == name]["emoji"].mean()
    tmp_df[f"continue_{chat_dir}_mean"] = ➡
tmp_df[tmp_df["from"] == name]["continue"].mean()
    tmp_df[f"exclamation_{chat_dir}_mean"] = ➡
tmp_df[tmp_df["from"] == name]["exclamation"].mean()
    tmp_df[f"question_{chat_dir}_mean"] = ➡
tmp_df[tmp_df["from"] == name]["question"].mean()
    tmp_df[f"laugh_{chat_dir}_mean"] = ➡
tmp_df[tmp_df["from"] == name]["laugh"].mean()
    tmp_df[f"reply_{chat_dir}_mean"] = ➡
tmp_df[tmp_df["from"] == name]["reply_days"].mean()
    tmp_df[f"text_{chat_dir}_max"] = ➡
tmp_df[tmp_df["from"] == name]["text_len"].max()
    tmp_df[f"emoji_{chat_dir}_max"] = ➡
tmp_df[tmp_df["from"] == name]["emoji"].max()
    tmp_df[f"continue_{chat_dir}_max"] = ➡
tmp_df[tmp_df["from"] == name]["continue"].max()
    tmp_df[f"exclamation_{chat_dir}_max"] = ➡
tmp_df[tmp_df["from"] == name]["exclamation"].max()
    tmp_df[f"question_{chat_dir}_max"] = ➡
tmp_df[tmp_df["from"] == name]["question"].max()
    tmp_df[f"laugh_{chat_dir}_max"] = ➡
tmp_df[tmp_df["from"] == name]["laugh"].max()
    tmp_df[f"reply_{chat_dir}_max"] = ➡
tmp_df[tmp_df["from"] == name]["reply_days"].max()

    return tmp_df
```

　次に既読スルーの判定および各種文字の使用回数などを付与する関数を定
義する。既読スルーはチャットのdatetimeをshiftさせて前のチャット

時刻からの経過日数を delta_time として取得し、経過日数が3日以降の場合、既読スルーとした（リスト1.5）。

リスト1.5 既読スルーの判定および各種文字の使用回数などを付与する関数を定義

```
def get_chat_convert_df(tmp_df, name, my_name):
    tmp_df['datetime'] = pd.to_datetime(tmp_df['time'])
    tmp_df = tmp_df.sort_values("time").reset_index(drop=True)
    tmp_df["shift_datetime"] = tmp_df["datetime"].shift(-1)
    tmp_df["delta_time"] = tmp_df["shift_datetime"] - tmp_df["datetime"]

    text_len_list = []
    emoji_list = []
    ex_list = []
    q_list = []
    laugh_list = []
    continue_list = []
    weekday_list = []
    hour_list = []
    reply_days_list = []
    through_list = []

    tmp_continue_count = 0
    tmp_from = ""

    for i in range(len(tmp_df)):
            text_len_list.append(len(tmp_df["text"][i]))
            emoji_list.append(count_char(tmp_df["text"][i], emoji.UNICODE_EMOJI["en"]))
            ex_list.append(count_char(tmp_df["text"][i],[" ! ","!"]))
            q_list.append(count_char(tmp_df["text"][i], [" ? ","?"]))
```

```
            laugh_list.append(count_char(tmp_df➡
["text"][i], ["笑","w"]))

            if (tmp_df["from"][i] == tmp_from) and ➡
(i != 0):
                tmp_continue_count += 1
            else:
                tmp_continue_count = 0
            tmp_from = tmp_df["from"][i]

            continue_list.append(tmp_continue_count)

            hour_list.append(tmp_df["datetime"][i].hour)
            weekday_list.append(tmp_df["datetime"]➡
[i].weekday())

            reply_days_list.append(tmp_df➡
["delta_time"][i].days)

            #既読スルーの判定
            if tmp_df["delta_time"][i].days > 3:
                tmp_through = 1
            else:
                tmp_through = 0

            through_list.append(tmp_through)

    tmp_df["text_len"] = text_len_list
    tmp_df["emoji"] = emoji_list
    tmp_df["exclamation"] = ex_list
    tmp_df["question"] = q_list
    tmp_df["laugh"] = laugh_list
    tmp_df["continue"] = continue_list
    tmp_df["hour"] = hour_list
    tmp_df["weekday"] = weekday_list
    tmp_df["reply_days"] = reply_days_list
```

```
    tmp_df["through"] = through_list

    #相手からのチャットの特徴量
    tmp_df = get_chat_stat(tmp_df, "from", name)

    #自分からのチャットの特徴量
    tmp_df = get_chat_stat(tmp_df, "to", name)

    tmp_df["message_days"] = (tmp_df["datetime"]➡
[len(tmp_df)-1] - tmp_df["datetime"][0]).days
    tmp_df["message_count"] = len(tmp_df)

    return tmp_df
```

LINEのチャットデータの場合、テキストファイル中、最初の2行はヘッダー（1行目：誰とのチャットか、2行目：データ保存日時）であり、無視してよい。3行目は改行であり4行目以降、まず「トークの日付」ののち、改行されて「時間」「送信者」「テキスト」がタブで区切られて並ぶ。注意点としてはチャット中の改行がファイルに反映されており、これらのデータが1行ごとに格納されているわけではない点である。チャット中の改行の場合は「時間」「送信者」のデータはなく、「テキストの続き」のみが格納されている。よって、1行ごとに読み込んでいき、もし「日付」があれば一連のチャットの日付として保持、時刻付きの行の場合は、タブで区切り、「時間」、「送信者」、「テキスト」を保持し、時刻付きの行ではない場合は、前の行のテキストの続きとしてテキストデータを連結させる（リスト1.6）。

リスト1.6 LINEのテキストファイルを読み込みチャットデータのDataFrameを作成する関数

```
def make_line_message_df(name, my_name, text):
    f = open(text, 'r', encoding='utf-8')
    line_data = f.readlines()
    f.close()

    tmp_day = ""
    tmp_time = ""
```

```python
        tmp_from = ""
        tmp_text = ""

        daytime_list = []
        from_list = []
        text_list = []

        count = 0

        for text in line_data:
            if ("とのトーク履歴" in text) or ("保存日時" in text):
                continue

            if len(text) == 14:
                if (text[4] == "/") and (text[7] == "/") ➡
and (text[10] == "("):
                    #もしメッセージが格納されていれば前の時刻までのメッ➡
セージを格納
                    if len(tmp_text) > 1:
                        daytime_list.append(tmp_day + " " + ➡
tmp_time)
                        from_list.append(tmp_from)
                        tmp_text = tmp_text.replace("\n","")
                        text_list.append(tmp_text)

                        tmp_text = ""
                    tmp_day = text[:-4]
                    continue

            if len(text) > 5:
                if text[2] == ":" and text[5] == '\t':
                    #もしメッセージが格納されていれば前の時刻までのメッ➡
セージを格納
                    if len(tmp_text) > 1:
                        daytime_list.append(tmp_day + " " + ➡
tmp_time)
```

```
                from_list.append(tmp_from)
                tmp_text = tmp_text.replace("\n","")
                text_list.append(tmp_text)

            split_text = text.split("\t")
            tmp_time = split_text[0]
            tmp_from = split_text[1]
            tmp_text = split_text[2]
            continue

        #時刻付きの行ではない（前の時刻のメッセージの続きなら前のテキス➡
 トに続ける）
        tmp_text = tmp_text + text

    #最後のメッセージを加える
    daytime_list.append(tmp_day + " " + tmp_time)
    from_list.append(tmp_from)
    tmp_text = tmp_text.replace("\n","")
    text_list.append(tmp_text)

    tmp_df = pd.DataFrame({
                            'from':from_list,
                            'text':text_list,
                            'time':daytime_list
            })

    tmp_df["thread"] = name

    tmp_df = get_chat_convert_df(tmp_df, name, my_name)

    #最後の行は削除（スレッドの最後は返信がないため）
    tmp_df = tmp_df[:-1]

    return tmp_df
```

　Facebookデータの場合は、Beautiful Soupを用いてhtmlタグから必要な要素を抽出していく。こちらはLINEのチャットデータと比較してコードはシンプルになる。「送信者」「チャット内容」「日時」のデータが含まれるhtmlタグをGoogle Chromeのデベロッパーツールなどを用いて特定しBeautiful Soupで指定する。2020年12月時点では「送信者」は"_3-96 _2pio _2lek _2lel"、「チャット内容」は"_3-96 _2let"、「日時」は"_3-94 _2lem"となる（リスト1.7）。

リスト1.7　Facebookのhtmlファイルを読み込みチャットデータのDataFrameを作成する関数

```
def make_message_df(name, my_name, url_list):
    for i in range(len(url_list)):
        #print(url_list[i])
        #print(i)
        html = open(url_list[i], 'r', encoding='utf-8')
        soup = BeautifulSoup(html, 'html.parser')

        from_classes = soup.find_all(class_="_3-96 _➡
 2pio _2lek _2lel")
        text_classes = soup.find_all(class_="_3-96 _2let")
        time_classes = soup.find_all(class_="_3-94 _2lem")

        from_list = []
        text_list = []
        time_list = []

        for k in range(len(from_classes)):
            from_list.append(from_classes[k].text)
            text_list.append(text_classes[k].text)
            time_list.append(time_classes[k].text)

        if i == 0:
            tmp_df = pd.DataFrame({
                        'from':from_list,
                        'text':text_list,
                        'time':time_list
```

```
                                        })
            else:
                tmp_df2 = pd.DataFrame({
                                'from':from_list,
                                'text':text_list,
                                'time':time_list
                                })

                tmp_df = pd.concat([tmp_df, tmp_df2]).➡
reset_index(drop=True)

    tmp_df["thread"] = name

    tmp_df = get_chat_convert_df(tmp_df, name, my_name)

    #最後の行は削除（スレッドの最後は返信がないため）
    tmp_df = tmp_df[:-1]

    return tmp_df
```

　上記の関数を用いて、チャットデータを分析したいユーザのデータを逐次整形していく（リスト1.8）。

リスト1.8　ユーザごとのチャットデータを整形

In
```
user_A_df = make_line_message_df("UserA","HiroyukiS",➡
"./data/user_a.txt") #LINEデータの場合
user_B_df = make_message_df("user_b","Hiroyuki ➡
Shinoda", ["./data/user_b.html"]) #Facebookデータの場合
user_C_df = make_message_df("user_c","Hiroyuki ➡
Shinoda", ["./data/user_c.html"]) #Facebookデータの場合
user_D_df = make_message_df("user_d","Hiroyuki ➡
Shinoda", ["./data/user_d.html"]) #Facebookデータの場合
```

　最終的にそれらを1つのDataFrameに統合する（リスト1.9）。

リスト1.9　LINE、Facebookそれぞれから取得したチャットデータを1つのDataFrameに統合

```
In
all_df = pd.concat([user_A_df, user_B_df, user_C_df, ➡
user_D_df]).reset_index➡
(drop=True)
```

データ分析（EDA）

　曜日時間帯別の集計は全体で行ってもよいが、特に自分から送信したデータを対象としたい場合、まずは送受信を合わせた全体データのall_dfの中から、自分からの送信データに限定した上で、曜日（weekday）、時刻（hour）ごとにテキスト数をカウントし、message_countとして保持する。また別途、曜日・時刻ごとの既読スルーの数を合計し、through_countとして保持する（リスト1.10）。

リスト1.10　曜日時間帯ごとのメッセージ数、既読スルー数を集計

```
In
through_count = all_df[(all_df["from"] == ➡
"Hiroyuki Shinoda") | (all_df["from"] == "HiroyukiS")].➡
groupby(["weekday","hour"])[["through"]].sum().➡
reset_index()
message_count = all_df[(all_df["from"] == ➡
"Hiroyuki Shinoda") | (all_df["from"] == "HiroyukiS")].➡
groupby(["weekday","hour"])[["text"]].count().➡
reset_index()
```

　through_count、message_countを曜日、時間をキーとして結合し（リスト1.11）、既読スルー率を計算したのち（リスト1.12）、表示用に曜日のindexを文字列に変更する（リスト1.13）。

リスト1.11　through_count、message_countを曜日、時間をキーとして結合

```
In
weekhour_df = pd.merge(through_count,message_count,➡
on=["weekday","hour"],how="left")
```

リスト1.12　曜日時間帯ごとの既読スルー率を計算

```
weekhour_df["through_rate"] = weekhour_df["through"]/➡
weekhour_df["text"]
```

リスト1.13　表示用に曜日のindexを文字列に変更

```
weekhour_df.loc[weekhour_df["weekday"] == 0, "weekday"] ➡
= "mon"
weekhour_df.loc[weekhour_df["weekday"] == 1, "weekday"] ➡
= "tue"
weekhour_df.loc[weekhour_df["weekday"] == 2, "weekday"] ➡
= "wed"
weekhour_df.loc[weekhour_df["weekday"] == 3, "weekday"] ➡
= "thu"
weekhour_df.loc[weekhour_df["weekday"] == 4, "weekday"] ➡
= "fri"
weekhour_df.loc[weekhour_df["weekday"] == 5, "weekday"] ➡
= "sat"
weekhour_df.loc[weekhour_df["weekday"] == 6, "weekday"] ➡
= "sun"
```

　このデータを、indexをhour、カラムを曜日として並び替えてヒート
マップを作成することで（リスト1.14）、前節の図1.2が得られる。

リスト1.14　曜日時間帯ごとのチャット数・既読スルー率のヒートマップを描画

```
df_hour_pivot = weekhour_df.pivot(index="hour",➡
columns="weekday",values="text")
df_hour_pivot = df_hour_pivot[["mon","tue","wed","thu",➡
"fri","sat","sun"]]
plt.figure(figsize=(6,11))
sns.heatmap(df_hour_pivot, annot=True, fmt='.0f',➡
cmap='Reds')
```

```
In  df_hour_rate_pivot = weekhour_df.pivot(index="hour", ➡
    columns="weekday",values="through_rate")
    df_hour_rate_pivot = df_hour_rate_pivot[["mon","tue", ➡
    "wed","thu","fri","sat","sun"]]
    plt.figure(figsize=(6,11))
    sns.heatmap(df_hour_rate_pivot, annot=True, fmt='.2f', ➡
    cmap='Reds')
```

相関係数の一覧の可視化は、まずデータ中でスレッドごとにまとめた統計量のみを抽出する（リスト1.15）。

リスト1.15　データ中でスレッドごとにまとめた統計量のみを抽出

```
In  thread_mean = all_df.groupby(["thread"]).max() ➡
    [["message_days","message_count","text_from_mean", ➡
    "emoji_from_mean","continue_from_mean", ➡
    'exclamation_from_mean',"question_from_mean", ➡
    'laugh_from_mean','reply_from_mean']]
```

スレッドごとに自分から送信したデータのみを抽出し、総既読スルー数を計算する（リスト1.16）。

リスト1.16　自分から送信したデータのみを抽出し、総既読スルー数を計算

```
In  thread_through = all_df[(all_df["from"] == ➡
    "Hiroyuki Shinoda") | (all_df["from"] == "HiroyukiS")]. ➡
    groupby(["thread"]).sum()[["through"]]
```

リスト1.15で計算したスレッドごとの統計量、リスト1.16で計算したスレッドごとの総既読スルー数を1つのDataFrameに結合する（リスト1.17）。

リスト1.17　スレッドごとの既読スルー率と統計量をまとめる

In
```
thread_df = pd.merge(thread_mean, thread_through, ➡
left_index=True, right_index=True,how="left")
```

In
```
thread_df["through_rate"] = thread_df["through"]/➡
thread_df["message_count"]
```

　既読スルー数自体は、メッセージのやりとり数に依存するため、相関係数を計算するデータからは削除しておく（**リスト1.18**）。

リスト1.18　既読スルー数を相関係数を計算するデータから削除

In
```
thread_df = thread_df.drop(["through"],axis=1)
```

　以上のデータを用いて、`.corr()`メソッドで相関係数を計算することで、図1.4のような相関係数一覧の可視化が得られる（**リスト1.19**）。

リスト1.19　`.corr()`メソッドで相関係数を計算

In
```
thread_corr = thread_df.corr()
plt.figure(figsize=(9, 9))
sns.heatmap(thread_corr, vmax=1, vmin=-1, center=0, ➡
annot=True, fmt=".2f")
```

　ユーザごとのチャットデータの可視化は、snsパッケージの`.strip plot()`メソッドを用いることで各スレッドごとの任意の値ごとの散布図を得ることができる。自分から送信したデータに限定し、チャットのテキストの長さごとのデータの可視化は**リスト1.20**となる。

リスト1.20　自分から送信したデータに限定しスレッドごとのチャットの文字数分布を可視化

In
```
sns.stripplot(x='text_len', y='thread', color=➡
"#66aacc", alpha =0.3 ,data=all_df[(all_df["from"] == ➡
"Hiroyuki Shinoda") | (all_df["from"] == "HiroyukiS")])
```

　複数の図を重ねて表示させたい場合は続けて`sns.stripplot`を記述する。例えば全体の中で既読スルーされたデータのみを赤く表示する場合はリスト1.21となる。

リスト1.21　チャット中で既読スルーされたデータのみを赤く表示する場合

In
```
sns.stripplot(x='text_len', y='thread', color=➡
"#66aacc", alpha =0.3 ,data=all_df[(all_df["from"] == ➡
"Hiroyuki Shinoda") | (all_df["from"] == "HiroyukiS")])
sns.stripplot(x='text_len', y='thread', color="red", ➡
alpha =0.3 ,data=all_df[((all_df["from"] == ➡
"Hiroyuki Shinoda") | (all_df["from"] == "HiroyukiS")) ➡
& (all_df["through"] == 1)])
```

機械学習

　まずはデータを学習に用いるデータと精度確認用のテストデータに分割する。今回は、各スレッドごとに直近20%をテストデータにすることにしたが、任意の期間を指定できるように関数を作成しておく。まず`split_idx`として読み込まれた`DataFrame`の`ratio`までの`index`を求めて、`int`（整数）に`cast`する。次に、学習データとして`train_df`を、はじめの行から`split_idx`までの行、テストデータとして`test_df`を、`split_idx`から最後の行までとして、`index`をリセットし、`train_df`、`test_df`を返すようにする（リスト1.22）。

リスト1.22　データを任意の期間比率で学習データとテストデータに分割する関数

```
In
def split_train_test(df, ratio):
    split_idx = int(len(df) * ratio)

    train_df = df[:split_idx]
    test_df =  df[split_idx:].reset_index(drop=True)

    return train_df, test_df
```

リスト1.22を各スレッドのDataFrameごとに実行し1つのデータとして結合しておく（リスト1.23）。

リスト1.23　各スレッドごとにデータを分割したのち、学習データとテストデータに結合

```
In
userA_train , userA_test = split_train_test(user_A_df, 0.8)
userB_train , userB_test = split_train_test(user_B_df, 0.8)
userC_train , userC_test = split_train_test(user_C_df, 0.8)
userD_train , userD_test = split_train_test(user_D_df, 0.8)
```

```
In
train_df = pd.concat([userA_train, userB_train, ➡
userC_train, userD_train]).reset_index(drop=True)
test_df = pd.concat([userA_test, userB_test, ➡
userC_test, userD_test]).reset_index(drop=True)
```

その上で、今回分析するのは自分からのチャットに対する既読スルーのため、自分からの送信のチャットのみに限定し、不要な列は削除しておく（リスト1.24）。

リスト1.24　チャットデータを自分から送信したもののみに絞るとともに不要な列を削除

```
In
train_df_proc = train_df[(train_df["from"] == ➡
"Hiroyuki Shinoda") | (train_df["from"] == ➡
"HiroyukiS")].reset_index(drop=True)
train_df_proc = train_df_proc.drop(["from","text",➡
"time","datetime","shift_datetime","delta_time",➡
```

```
"reply_days"],axis=1)

test_df_proc = test_df[(test_df["from"] == ➡
"Hiroyuki Shinoda") | (test_df["from"] == "HiroyukiS")]. ➡
reset_index(drop=True)
test_df_proc = test_df_proc.drop(["from","text","time", ➡
"datetime","shift_datetime","delta_time","reply_days"], ➡
axis=1)
```

　また特徴量に文字列が含まれている場合は、数値に変換しておく。Python
ではLabelEncoderを用いて文字列を数値に変換できる（リスト1.25。今
回、**"thread"** はのちほどの処理で既読スルー有無のラベルと結合した上
で最終的に削除するため**リスト1.25**の処理は本来は不要）。

リスト1.25　特徴量に文字列が含まれている場合は、数値に変換

```
In
from sklearn.preprocessing import LabelEncoder
le = LabelEncoder()
le = le.fit(train_df["thread"])
train_df_proc["thread"] = le.transform(train_df_proc➡
["thread"])
test_df_proc["thread"] = le.transform(test_df_proc➡
["thread"])
```

　学習データは、クロスバリデーションにより、3分割し学習データと検証
データを3パターン作成して汎用性を高める。今回はランダムに学習データ
を分割するのではなく、スレッドと既読スルーの有無の比率が等しくなるよ
うに分割することにする。まずはスレッドと既読のスルー有無を1つの文字
列（thread_through）に結合しておく（リスト1.26）。

リスト1.26　スレッドと既読スルーの有無を1つの文字列に結合

```
In
train_df_proc["thread_through"] =  train_df_proc➡
["thread"].astype(str) + "_" + train_df_proc["through"]. ➡
astype(str)
```

```
test_df_proc["thread_through"] = test_df_proc["thread"]. ➡
astype(str) + "_" + test_df_proc["through"].astype(str)
```

次に、学習データを説明変数と目的変数に分ける（リスト1.27）。

リスト1.27　学習データを説明変数と目的変数に分ける

In
```
train_X = train_df_proc.drop(["through"],axis=1)
train_Y = train_df_proc["through"]
```

次にStratifiedKFold()関数によってthread_throughを指定し、thread_throughの比率が等しくなるように（つまり、スレッドごと・既読スルーの有無ごとの比率が等しくなるように）分割する（リスト1.28）。

リスト1.28　StratifiedKFold()関数によってthread_throughの比率が等しくなるように分割

In
```
from sklearn.model_selection import StratifiedKFold
folds = 3
skf = StratifiedKFold(n_splits=folds)

for train_index, val_index in skf.split(train_X,train_X➡
["thread_through"]):
    X_train = train_X.iloc[train_index]
    X_valid = train_X.iloc[val_index]
    y_train = train_Y.iloc[train_index]
    y_valid = train_Y.iloc[val_index]

    """
    (以下処理：リスト1.33の10行目以降に続く)
    """
```

機械学習手法は表題および初出の際に利用したランダムフォレストだけでなく、近年ではLightGBMが精度が高いためより利用されることが多い。ここではLightGBMを用いたモデルの作成を紹介する。

モデリング

　ここからは機械学習による予測モデルを作成する。本稿の初出の際は表題にもなっているランダムフォレストという機械学習手法を用いたが近年では同じ決定木ベースのアルゴリズムであるLightGBMという手法がより精度が高いモデルとしてよく用いられる。まずはじめに決定木、ランダムフォレスト、LightGBMについて説明する。

　決定木とは、閾値条件によるデータの分岐を繰り返すことで、回帰や分類をする手法となる（図1.20）。

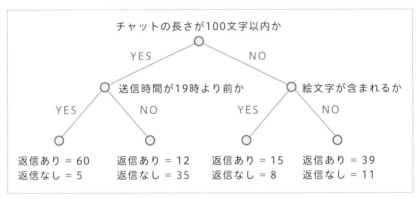

図1.20：決定木の概要・アウトプットの例（数値・条件はイメージ）

　この例では、「チャットの長さ」「送信時間」などの条件を繰り返していき、最終的に各条件の組み合わせによる、返信あり・なしの数を表している。なお、閾値条件は、「ある条件によって、元のデータが別の性質をもつ2つのデータにうまく分かれたか」を表す指標などによって自動的に決定される。データ分析者は、どの程度まで分岐させるか(木の深さ)、データを分けた時の各グループの最低データ数（葉の数）などを調整していき、分類や予測の精度を向上させていく。

　決定木は、アウトプットが条件を組み合わせた木として現れるため、わかりやすく、得られたモデルを容易に施策などに応用できることから有用ではあるが、異常値に弱く、最初の分岐が偏ると、以降の分岐がすべて精度の悪いものになってしまう。そこで、決定木を複数作成して組み合わせる（アンサンブルする、と言う）ランダムフォレストという手法が提案された（図1.21）。

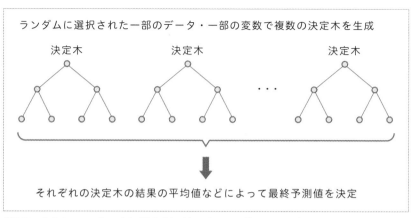

ランダムに選択された一部のデータ・一部の変数で複数の決定木を生成

決定木　　　　決定木　　　　　・・・　　　　決定木

それぞれの決定木の結果の平均値などによって最終予測値を決定

図1.21：決定木のアンサンブル（組み合わせ）によるランダムフォレスト

　さらに近年では並列でアンサンブルするのではなく、決定木を逐次的に更新していくGradient Boosting Decision Treeという手法が提案され、その実装方法の1つがLight GBMとなる（**図1.22**）。

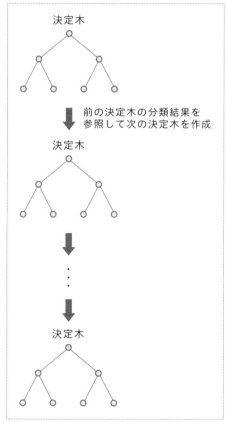

決定木

前の決定木の分類結果を
参照して次の決定木を作成

決定木

決定木

図1.22：Gradient Boosting Decision Tree
の実装手法であるLightGBM

まずはLightGBMのパッケージおよび評価用に、accuracy、AUCのパッケージもインポートしておく（リスト1.29）。

リスト1.29　LightGBM、accuracy、AUCのパッケージのインポート

```
import lightgbm as lgb
from sklearn.metrics import accuracy_score
from sklearn.metrics import roc_auc_score
```

LightGBMは内部的にカテゴリ変数をうまく処理してくれるが、リスト1.30のように明示的にカテゴリ変数を指定しておく。

リスト1.30　明示的にカテゴリ変数を指定

```
categories = ["thread","weekday"]
```

学習パラメータはoptunaなどのパッケージを用いて適宜最適な組み合わせを調整する。本稿ではリスト1.31のパラメータを用いた。

リスト1.31　本稿で調整したパラメータ

```
lgbm_params = {
    "objective":"binary",
    "metric": "auc",
    'num_leaves': 53,
    'max_bin': 91,
    'bagging_fraction': 0.41233936419566564,
    'bagging_freq': 6,
    'feature_fraction': 0.771917272654894,
    'min_data_in_leaf': 4,
    'min_sum_hessian_in_leaf': 1,
    "random_seed":1234,
}
```

　本稿でのデータは不均衡なデータなため、既読スルーされていないデータ
をアンダーサンプリングする。PythonではRandomUnderSamplerを用
いることで比率とともに指定できる（**リスト1.32**）。

リスト1.32　RandomUnderSamplerのパッケージのインポート

```
from imblearn.under_sampling import RandomUnderSampler
```

　アンダーサンプリングを含めた学習フレームは**リスト1.33**のようになる。

リスト1.33　アンダーサンプリングを含めた学習フレーム

```
models = []
for train_index, val_index in skf.split(train_X,train_X
["thread_through"]):
    X_train = train_X.iloc[train_index]
    X_valid = train_X.iloc[val_index]
    y_train = train_Y.iloc[train_index]
    y_valid = train_Y.iloc[val_index]
    X_train = X_train.drop(["thread_through"],axis=1)
    X_valid = X_valid.drop(["thread_through"],axis=1)

    #ランダムにアンダーサンプリング(比率を指定)
    train_through = y_train.sum()
    rus = RandomUnderSampler(sampling_strategy =
{0:train_through*4, 1:train_through}, random_state=0)
    X_train_rs, y_train_rs = rus.fit_resample(X_train,
y_train)

    valid_through = y_valid.sum()
    rus = RandomUnderSampler(sampling_strategy =
{0:valid_through*4, 1:valid_through}, random_state=0)
    X_valid_rs, y_valid_rs = rus.fit_resample(X_valid,
y_valid)

    lgb_train = lgb.Dataset(X_train_rs, y_train_rs,
```

```
categorical_feature=categories)
    lgb_eval = lgb.Dataset(X_valid_rs, y_valid_rs, ➡
categorical_feature=categories, reference=lgb_train)
    model_lgb = lgb.train(lgbm_params,
        lgb_train,
        valid_sets=lgb_eval,
        num_boost_round=50,
        early_stopping_rounds=10,
        verbose_eval=10,
    )

    y_pred = model_lgb.predict(X_valid_rs, ➡
num_iteration=model_lgb.best_iteration)
    print("accuracy",accuracy_score(y_valid_rs, ➡
np.round(y_pred)))
    print("auc",roc_auc_score(y_valid_rs, y_pred))
    models.append(model_lgb)
```

　学習済みのモデルの重要度、予測精度は**リスト1.34**のようにして確認できる。なおGitHubで配布しているサンプルデータはプライバシーに考慮した架空のダミーデータとなっているため、サンプルデータを用いた結果は本書に掲載している実データで学習した結果と異なる点に留意されたい。

リスト1.34　学習済みのモデルの重要度、予測精度の確認

```
In  for model in models:
        importance = pd.DataFrame(model.feature_importance➡
    (), index=X_train.columns, columns=["importance"]).➡
    sort_values(by="importance",ascending =True)
        importance.plot.barh(figsize=(5,8))


In  preds = []

    for model in models:
        test_X = test_df_proc.drop(["through",➡
```

```
    "thread_through"],axis=1)
    test_Y = test_df_proc["through"]

    pred = model.predict(test_X)
    print("accuracy",accuracy_score(test_Y, np.round➡
(pred)))
    print("auc",roc_auc_score(test_Y, pred))
    preds.append(pred)
```

今後の課題・発展

　本稿の適用範囲は広い。LINE や Facebook などのチャットのほか、営業メールやマッチングアプリの成否にも応用できそうだ。本稿ではチャット内容の分類はしていないが、文章を形態素解析した上で単語ごとのワードベクトルを特徴量とすることもある程度のデータ量があるなら効果的と思われる。例えば「連絡・報告」関連の単語を含むチャットはスルーされづらいが、「飲み」の誘いはスルーされる可能性が高まる、などのようなことがわかるかもしれない。また、今回は予測モデルを人ごとに分けるのではなく、特徴量としてどの人とのやりとりかを加味した1つのモデルを作成した。本稿で用いたデータでは単一のモデルのほうが精度が高かったためだが、特徴量含め大きく傾向が異なる場合はそれぞれ別のモデルを作成することも考えられる。

　本稿を含め、次章以降も普遍的な事象解明のための分析ではなく、私が私自身を理解するための分析が続く。「データに偏りがある」「そもそもチャット以外の人間関係を考慮する必要がある」などの至極真っ当で正しいリアクションをしながら読むのではなく、「こいつ終わってんな」と思いながらさらっと読むことをお勧めする。

CHAPTER 2

多面的な自分と向き合うための
チャットボット

私はどちらかと言えばあまり人見知りしないほうだ。
昔は極度の人見知りで、初対面の人と話すだなんてとんでもないことだった。

なぜ少しはまともに人と話せるようになったのか。
生きていく中でフォーマットが揃ってきたからだ。

フォーマットとは、
こういうシチュエーション、こういう人に対して、
こういうキャラクターのオプションでいこう、
というものだ。

たとえば、「あいづち +3」「オクターブ +1」
「カットイン」「ノリツッコミ」などがある。

自分の素の状態をベースに、おまけで付けるもの、
くらいのニュアンスだが、これが重要だということに
数多の気まずい沈黙とすれ違いを乗り越えて気が付いた。

2.1 本章で紹介する内容について

本章で紹介する内容の初出について

- 2017年、mirandora.comにて掲載
  (URL https://www.mirandora.com/?p=2238)

本章の実行環境とデータについて

- 分析環境：Python（3.9.2）
- 本稿で使用しているPythonパッケージおよび各バージョン
  - pandas（1.2.4）
  - beautifulsoup4（4.9.3）
  - urllib3（1.26.4）
  - janome（0.4.1）
- 本稿のデータ
  (URL https://github.com/mirandora/ds_book/tree/main/2_1)

2.2 多面的な自分と向き合うための チャットボット

関係性によって自分はどのように振る舞いが異なるか

今日、何人とコミュニケーションしただろうか。直接の対面の会話でなくても電話やZoom、あるいはチャットなどでもよいとしよう。

1人1人に対して、"どのような自分"で接しただろうか。

「コンビニ店員とのレジでの事務的なやりとり」

「会社のエレベータで、さして仲良くない同期と2人きりになったときの苦々しいミーニングレスな会釈」

「Zoom会議での上司への業務報告」

くらいしかないかもしれないが、一日の中でも社会生活を営むにあたり、人間は多面性（複数の顔）を持つことがままあるかと思う。ちなみに上記は会話やチャットを含むある日の私のコミュニケーションのすべてだ。

もちろん稀に誰に対しても完全に一貫性のある人格を貫き通す人が存在するが、多くの人にとって"ゲームのオンライン対戦で毎晩盛り上がる友人を相手にしたとき"と、"顔は思い出せるが名前が出てこず廊下ですれ違おうものなら思わずスマホ画面に目を落としてやり過ごしたくなる同僚を相手にしたとき"では、異なる自分の内面からの言葉が表出されるのは当然だと思う。

自己理解とは、結局のところ「他人（社会）に相対する自己理解」でありどのような社会、自分の立場、相手との心理的距離において、自分がどのように振る舞う人間かを自覚することではないだろうか。

そこで本稿では**"多面的な自分と向き合うことができるチャットボット"**を作成する（図2.1）。

自分のつぶやきに対して"様々な人格の自分"がAIにより自動で返事をくれるものであり、多面的な自分の理解を促すものである。

なお本チャットボットは会話が成立していない事象が頻繁に発生するが、**そもそも私はデフォルトであまり他人と会話が成立していない。**

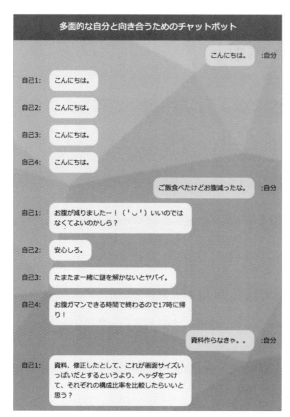

図2.1：多面的な自分と会話できるチャットボット

関係性ごとの自分の会話ログを取得

　テキスト解析において、人ごと（発言者、執筆者など）に文章・言葉の特徴を分析する事例はしばしば見られる。しかし本稿で興味があるのはあくまで"私"だ。そのため対話相手のログではなく「対話相手ごとに異なる自分自身のログ」のみを収集する。

　まずは、チャットボット用に様々な関係性の人との対話ログを各種SNSなどから収集していく。

　本稿では特に関係の濃い友人や会社の同僚など4人の対話ログを選定した。今回選定した4人とのチャットは1チャット当たりの平均文字数はその

他の人に対するチャットと同等だが、単なる返答ではなく文章が成立しているログが多い。つまり選定した方々は要件をやりとりしたいのではなく、やりとり自体を楽しみたい人たちだ。分析対象としたログは表2.1の通りだ。秘匿性の高い内容を含むログは除外してある。

表2.1：分析対象としたログ

関係性	自分からの チャット数	自分からの 総チャット文字数	自分からの 1チャット当たり の平均文字数	自分からの 1チャット当たり の最大文字数
会社の後輩A	324	6,906	21	255
友人B	258	3,891	15	96
会社の同僚C	527	11,565	21	98
友人D	2,327	29,251	12	63

自分の発言の自動生成

得られた各人との対話ログにおける自分の発言文章を解析し、各人との対話で言いそうなことを自動生成したい。そのためにまずは文章を形態素解析を用いて最小単位（形態素）に分割する（図2.2）。

来週の土曜のご都合を聞こうじゃないか

▼

来週 / の / 土曜 / の / ご / 都合 / を / 聞こ / う / じゃ / ない / か

むしろそのストーリーは君がつくりたまえ。

▼

むしろ / その / ストーリー / は / 君 / が / つくり / たまえ / 。

図2.2：自分の発言を形態素ごとに分割する

　次に形態素ごとに、各人との対話で自分がどのような言葉を発言しやすいかを確認してみる。**表2.2**から**表2.5**が相手ごとの上位5つの私の発言の頻出ワードである。

表2.2：関係性：会社の後輩A

	単語	出現数
1	し	49
2	いい	19
3	明日	18
4	する	17
5	食べる	15

表2.3：関係性：友人B

	単語	出現数
1	いい	14
2	どう	13
3	いかが	12
4	明日	11
5	行く	10

表2.4：関係性：会社の同僚C

	単語	出現数
1	いい	40
2	的	33
3	こと	33
4	君	31
5	そう	27

表2.5：関係性：友人D

	単語	出現数
1	ー（※長音）	439
2	時	176
3	はい	103
4	いま	100
5	！	77

　それぞれの関係性ごとに頻出ワードに違いがあって興味深い。言葉の内容だけではなく、会社の後輩Aに対する「＊＊だし」や、友人Dに対する「＊＊ですー」のような自分の言い回しの違いが表れているようにも見える。

　文章を形態素ごとに分割できたら、各人との対話において、ある単語の次にどのような単語がつながりやすいかという確率を計算していく。マルコフ連鎖を用いることで形態素間の遷移確率を**図2.3**のようなイメージで計算できる。

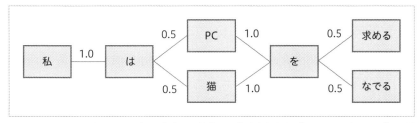

図2.3：マルコフ連鎖のイメージ。形態素間の数字は遷移確率を表す。「私はPCを求める」「私は猫をなでる」という2つの文章から全く新しい「私はPCをなでる」のような文章が生成されうる

　以上の処理によって、各人とのチャットログ中の自分の発言に基づいて、"新しい文章を自動生成"するモデルを算出した。このモデルを用いてランダムに生成した文章は例えば表2.6のようなものとなる（そのままの文章は私は一度も発言したことはないが、過去の単語間の組み合わせから新規に文章が生成されている）。

表2.6：モデルを用いてランダムに生成した文章

（´；ω；｀）ブワッ誰もいない？ありがとう。
中は、自覚できないのだ。
（上記の文言そのままでは。）

　上記の文章を見て、私の知人は「ああ。言いそうだな」と思うかもしれないし「こんなテンションの発言するか？」と思うかもしれない。それが私の多面性だ。
　最後に各人に対して接するときの自分が言いそうな単語辞書（およびマルコフ連鎖的なつながり）を作成する。今回は4人の対話テキストデータに基づいて、文章を自動生成する。

多面的な自己がバリエーションある返答をしてくれる

　実装したWebアプリを紹介する。入力したテキストに対して、友人に接するときの自分、会社での自分など様々な私が返答をくれる、世界で初めての（？）多面的な自分と向き合うためのチャットボットである。

　まずは無難なところから。
「ご飯を会社付近で食べるか、帰ってから食べるか」
のような些細な話題をふってみよう（図2.4）。

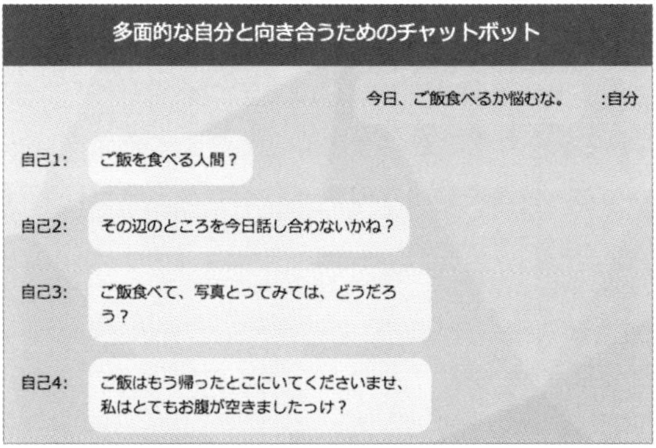

図2.4：チャットボット画面：「今日、ご飯食べるか悩むな。」という話題をふる

　図2.4のように、多面的な自己が、それぞれバリエーションある答えを返してくれる。

　まずは自己1。些細な話題をふったはずだが根源的な問いで詰められた。次に自己2。こちらも深刻な話題になってしまった。せめて食べながら話し合いたい。打って変わって自己3はカジュアルだ。好きに写真を撮ればいいしぜひSNSにでもアップしたらいい。自己4は空腹に耐えきれず錯乱しているのだろうか。落ち着いてほしい。

　次に「もうウンザリだよ。」と病んでるセリフをつぶやいてみる（図2.5）。自分はどのようになぐさめてくれるだろうか。

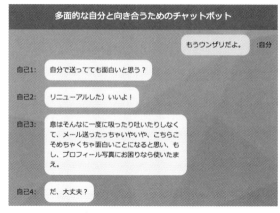

図2.5：チャットボット画面：「もうウンザリだよ。」という話題をふる

　まずは自己1。厳しすぎる塩対応だ。自分の中にこういう側面があるのか
と思うと怖い。次に自己2。何かをリニューアルしたのか別の話題が始まっ
てしまった。そして1人で会話を始めてしまった。相手が落ち込んでいると
きほど逃げずに向き合ってほしい。自己3は何を言っているかよくわからな
いが、その焦りがむしろ愛おしい。自己4は最も素直な応対であり優しさを
感じる。こういう人間でありたい。

　同じセリフをつぶやいても毎回異なるセリフが自動生成される。例えば
「資料作らなきゃ。。」と切羽詰まっているセリフを投げてみよう（図2.6）。

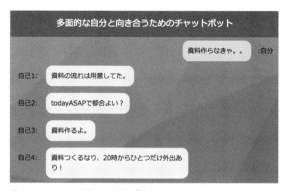

図2.6：チャットボット画面：「資料作らなきゃ。。」という話題をふる

　まずは自己1。今後の展開を予測し事前に下準備をする、やり手のビジネスマンだと言える。次に自己2。横文字の軽いノリで応答してきた。こちらも一見やり手のビジネスマンのように思われるがノリだけで押し切ろうとして自らは手を動かさないタイプであることも想定される。注意が必要だ（自分だ）。自己3は素直な応対と言えるが、素直すぎる応対に怒っているのだろうかと不安になる。自己4は外出予定があるにもかかわらず資料作成を快諾してくれた。申し訳ない。資料作成は急ぎではないと伝えたい。

　もう一度同じセリフをつぶやいてみる（図2.7）。

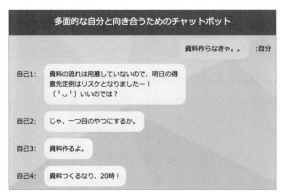

図2.7：チャットボット画面：再び「資料作らなきゃ。。」という話題をふる

　まずは自己1。先ほどとは一転し、資料の流れは用意していない上に、そのせいで定例をリスケとしている。駄目な人間だと思われるが、健全な働き方を遵守する真っ当な人間の可能性もある。次に自己2。先ほどとは別の軽さを感じる。やる気がないのか判断が早いのか。自己3は素直すぎて、やはり怒っている気がしてきた。自己4は時間を区切ってきた。一番信頼できるかもしれない。

　その他、様々な問いかけに対して、自分が返答してくれる（図2.8）。

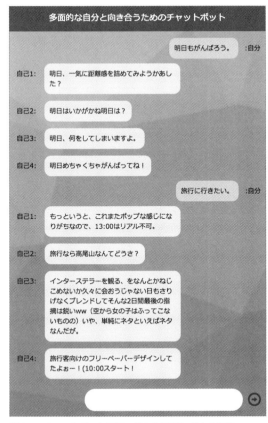

図2.8：チャットボット画面：様々な話題に対する返答

　上記の様々な自己が返答するセリフは私が過去に発言したログそのままをランダムに抽出しているのではなく形態素解析によって区切られた単語をマルコフ連鎖に基づいて自動生成したものになる。

　よって上記のような発言を過去に私がしたわけではない。

　"一気に距離感を詰め"ないし、
　"インターステラーを観る、をなんとか、ねじこ"まないし、
　"旅行客向けのフリーペーパーをデザインし"たこともない。

　自分の意外な側面を突きつけられた気分ではある。そういう意味では目的を達成し、かつWebアプリとして完成しているのだが、予期せぬ返答から

思わぬプライバシーの流出につながることを懸念し、Webアプリの一般公
開は控えさせていただく。

2.3 解説・今後の課題

　本節では、本稿で述べたデータの取得、分析、実装方法について具体的な
コードとともに述べる。なお紙面の都合からチャットボット用の文書自動生
成までのコードの解説とし、Webアプリの実装方法の解説は割愛する。

チャット履歴データ取得

　本エピソードにおけるチャット履歴データの取得は、「SECTION1.3　解
説・今後の課題」を参照してほしい。LINE、Facebookにおける任意の知人
との対話スレッドのデータを取得したのち、アカウント名を指定し発言者が
自分のもののみを抽出してくる。私の場合は例えば**リスト2.1**のようにする
ことで自分の発言のみのデータを取得できる。

リスト2.1　自分の発言のみのデータを取得

```
In
#チャットデータの取得（「1.3：解説・今後の課題」参照）
user_A_df = make_line_message_df("UserA","HiroyukiS", ⮕
"./data/user_a.txt") #LINEデータの場合
user_B_df = make_message_df("user_b","Hiroyuki ⮕
Shinoda", ["./data/user_b.html"]) #Facebookデータの場合
```

```
In
#自分の発言ログのテキストのみを取得（自分のLINEアカウント名が⮕
"HiroyukiS"、facebookアカウント名が"Hiroyuki Shinoda"の場合）
selfchat_A = user_A_df[user_A_df["from"]=="HiroyukiS"]. ⮕
reset_index(drop=True).text
selfchat_B = user_B_df[user_B_df["from"]== ⮕
"Hiroyuki Shinoda"].reset_index(drop=True).text
```

テキストデータの形態素解析

　本稿においてPythonにおけるテキストの形態素解析にはjanomeパッケージを用いた。まずはjanomeをターミナル上でpipコマンドでインストールする。

```
pip install janome
```

　インストールできたらプログラムに上記のjanomeパッケージから、形態素解析を行うTokenizerをインポートする（リスト2.2）。

リスト2.2　Tokenizerのインポート

```
In
from janome.tokenizer import Tokenizer
```

　Tokenizerの使用準備としてインスタンスを生成する（リスト2.3）。

リスト2.3　Tokenizerのインスタンスの生成

```
In
tokenizer = Tokenizer()
```

　Tokenizerを用いてテキストの形態素解析結果（token）を得ることができる（リスト2.4）。

リスト2.4　Tokenizerを用いた形態素解析

```
In
text = "むしろそのストーリーは君がつくりたまえ。"

for token in tokenizer.tokenize(text):
    print(token)
```

Out

むしろ	副詞 , 一般 ,*,*,*,*, むしろ , ムシロ , ムシロ
その	連体詞 ,*,*,*,*,*, その , ソノ , ソノ
ストーリー	名詞 , 一般 ,*,*,*,*, ストーリー , ストーリー , ストーリー
は	助詞 , 係助詞 ,*,*,*,*, は , ハ , ワ
君	名詞 , 代名詞 , 一般 ,*,*,*, 君 , キミ , キミ
が	助詞 , 格助詞 , 一般 ,*,*,*, が , ガ , ガ
つくり	動詞 , 自立 ,*,*, 五段・ラ行 , 連用形 , つくる , ツクリ , ツクリ
たまえ	動詞 , 自立 ,*,*, 五段・ワ行促音便 , 命令 e , たまう , タマエ , タマエ
。	記号 , 句点 ,*,*,*,*, 。 , 。 , 。

　リスト 2.4 の出力結果のうち、まずは品詞か活用形などは使用せず、区切った際の各形態素（"surface"）のみに興味がある。その場合、`token.surface` とすると、形態素のみが得られる（リスト 2.5）。

リスト 2.5　形態素のみの取得

In

```
for token in tokenizer.tokenize(text):
    print(token.surface)
```

Out

```
むしろ
その
ストーリー
は
君
が
つくり
たまえ
。
```

　リスト 2.5 のように形態素ごとに区切ったものを単語リストとして各チャットログから保存し、単語の出現頻度を集計してみる。まずは単語リストを取得する。自分の発言ログのテキストを selfchat_A とした場合、リスト 2.6 のようにして発言の単語リストを取得できる。

リスト2.6　発言の単語リストを取得

```
word_list_A = []

for i in range(len(selfchat_A)):
    for token in tokenizer.tokenize(selfchat_A[i]):
        word_list_A.append(token.surface)
```

　リスト2.6によってlist形式で単語リストを得られたら簡単に集計できるようにDataFrameに変換しておく（リスト2.7）。

リスト2.7　単語リストをDataFrameへ変換

```
word_df_A = pd.DataFrame(word_list_A)
word_df_A.columns = ["word"]
```

　例えば最頻出上位5単語を出すには.value_counts()メソッドを用いてリスト2.8のようにして集計できる。

リスト2.8　最頻出上位5単語の出力（※GitHubで配布しているデータはプログラム確認用のダミーデータのため下記と結果が異なる）

```
word_df_A.word.value_counts().reset_index().head(5)
```

	index	word
0	、	281
1	。	170
2	?	152
3	て	137
4	の	127

　リスト2.8のように一般的に頻出ワードは句読点や記号などになりがちだ。また、助詞や助動詞も頻出ワードの集計としては面白くない。そこでまず単語リスト作成の際に、これらを含まないようにする。.part_of_speech()メソッドで取得したtokenの各要素を","で区切った1つ目の要素、つまり

品詞に対して、記号・助詞・助動詞ではないという条件を加える（リスト2.9）。

リスト2.9　取得する形態素から、記号・助詞・助動詞を除外

```
word_list_A = []

for i in range(len(selfchat_A)):
    for token in tokenizer.tokenize(selfchat_A[i]):
        if (token.part_of_speech.split(',')[0] != '記号'➡
) and (token.part_of_speech.split(',')[0] != '助詞') ➡
and (token.part_of_speech.split(',')[0] != '助動詞'):
            word_list_A.append(token.surface)

word_df_A = pd.DataFrame(word_list_A)
word_df_A.columns = ["word"]
```

リスト2.9で除外できなかった記号などで特定の単語を集計から除外したいとき（例えば":"や"00"）はリスト2.10のようにする。もしさらに除外条件を増やしたいときは、[ ]内の"&（条件）"を追加していけばよい。

リスト2.10　特定単語の除外条件を追加

```
word_df_A = word_df_A[(word_df_A["word"] != ":") & ➡
(word_df_A["word"] != "00")].reset_index(drop=True)
```

リスト2.9、リスト2.10の処理によって、記号・助詞・助動詞などを除外した頻出ワードの集計ができる（リスト2.11）。

リスト2.11　上位頻出ワードの集計（※ GitHubで配布しているデータはプログラム確認用のダミーデータのため下記と結果が異なる）

```
word_df_A.word.value_counts().reset_index().head(5)
```

Out

	index	word
0	し	49
1	いい	19
2	明日	18
3	する	17
4	食べる	15

テキストデータのマルコフ連鎖

続いてマルコフ連鎖を用いて文章を自動生成する。先ほどは頻出ワードの集計のために助詞や助動詞を除外したが、ここでは文章のつながりの生成のためにこれらのワードも含めて集計する。

まずは実装に用いる deque パッケージを読み込む（リスト2.12）。

リスト2.12　deque パッケージの読み込み

In
```
from collections import deque
```

次に文章の区切りとなるストップワードを定義しておく（リスト2.13）。

リスト2.13　ストップワードの定義

In
```
stop_words = ["。", " ！ ", "!", " ", " ？ ", "?", ")"]
```

マルコフ連鎖の実装のために、ある形態素を key とし、その形態素の次に続く形態素候補を value とする辞書型データを作成していく。まずは空の辞書を作成し、テキストデータを1行ずつ読み込む。次に読み込んだ1行のテキストに対して形態素解析し、先頭の形態素を key としてその次にくる形態素を value として加える、ということを最後の形態素になるまで繰り返す。ここで、もしテキストの先頭であった場合は [BOS]（beginning of sentence の意）を key に加える。テキスト中の形態素がストップワード（"。"、" ！ "、" ？ "など）だった場合や最後の形態素となった場合は [EOS]（end of sentence の意）を value に加える（リスト2.14）

074

リスト2.14　各形態素をkeyとして次に続く形態素候補をvalueにもつ辞書型データを作成

In

```
def make_model(text_list, n_size = 1):
    model = {}
    for text in text_list:
        queue = deque([], n_size)
        queue.append("[BOS]")

        for i, token in enumerate(tokenizer.tokenize➡
(text)):
            key = tuple(queue)

            if key not in model:
                model[key] = []

            model[key].append(token.surface)
            queue.append(token.surface)

            #ストップワードあるいは最後のtokenだった場合
            if (token.surface in stop_words) or ➡
(i == (len(list(tokenizer.tokenize(text)))-1)):
                key = tuple(queue)

                if key not in model:
                    model[key] = []
                model[key].append("[EOS]")

                #もし最後のtokenではない場合はqueueをリセット➡
して続行。
                if (i != (len(list(tokenizer.tokenize➡
(text)))-1)):
                    queue = deque([], n_size)
                    queue.append("[BOS]")
    return model
```

　リスト2.1で作成した自分の発言データを読み込むことでそのユーザに対する発言に基づくマルコフ連鎖に用いる辞書が生成される（リスト2.15）。

リスト2.15　発言ログから辞書型データを作成

```
self_model_A = make_model(selfchat_A)
```

　この辞書はある言葉をkeyとして、重複を含む複数のvalueを持つ。例えば"疲れた"という言葉に対して、"人"が2回、"日"が1回、"目"が1回続いたテキストデータがあった場合、{('疲れた',):['人', '人', '日', '目']...}のような辞書が生成される。よってあるkeyに続く形態素をvalueの中からランダムに選ぶことで、図2.3のようにその次の形態素として続く可能性の高いものが選ばれやすくなる（遷移確率に基づいて次の状態が決まることと等しくなる）。

　それでは、この辞書を用いてテキストを自動生成してみる。まずはrandomパッケージを読み込む（リスト2.16）。

リスト2.16　randomパッケージの読み込み

```
import random
```

　自動生成されるテキストだが、ここではチャットボットへの応用を想定して1度のテキスト生成あたり最大文章数を3とした。seedはデフォルトでは[BOS]としており、先ほどの辞書生成のテキスト読み込み時の先頭に付けたことで、各文章の先頭に来る可能性が高い言葉がランダムで選ばれる。もしseedとして文章が与えられた場合（例えばチャットボットで入力された言葉に対して返答する場合など）は、その文章を形態素解析し、記号・助詞・助動詞などを除く名詞や動詞をseedとして、その次に来る可能性が高い言葉がランダムで選ばれる。ある言葉に続く言葉が[EOS]すなわち文章の終わりとなる場合はそこで区切り、1つの文章とする。もし文章が3つを超えた場合は処理を終了するが生成した文章が3つに満たない場合でもランダムで終了する（リスト2.17）。

リスト2.17　テキストの自動生成

In
```
def make_sentence(model, max_sentence_num=3, ➡
seed="[BOS]", n_size=1):
    sentence_count = 0
    c_token_list = []
    key_candidates = []

    #もしseedがBOSではない場合、まずは形態素解析。
    if seed != "[BOS]":
        #記号、助詞、助動詞いずれでもなければ文章生成元token候補➡
リストに入れる。
        for token in tokenizer.tokenize(seed):
            if (token.part_of_speech.split(',')[0] != ➡
'記号') and (token.part_of_speech.split(',')[0] != ➡
'助詞') and (token.part_of_speech.split(',')[0] != ➡
'助動詞'):
                c_token_list.append(token.surface)

        while(len(c_token_list) > 0):
            c_rand = random.randrange(len(c_token_list))
            key_candidates = [key for key in model if ➡
key[0] == c_token_list[c_rand]]
            if len(key_candidates) > 0:
                break
            c_token_list.pop(c_rand)

    else:
        #seedから始まるkeyを取得
        key_candidates = [key for key in model if ➡
key[0] == seed]

    #もし単語が辞書に存在していなかったらseedを[BOS]にしてランダムに➡
選択
    if not key_candidates:
        key_candidates = [key for key in model if ➡
```

```
key[0] == "[BOS]"]

    #ランダムにkey選択
    m_key = random.choice(key_candidates)
    #選択したkeyからqueue生成
    queue = deque(list(m_key), n_size)

    sentence = ""
    if m_key[0] != "[BOS]":
        sentence = "".join(m_key)

    while(True):
        m_key = tuple(queue)

        if m_key not in model:
            key_candidates = [key for key in model if ➡
key[0] == "[BOS]"]
            m_key = random.choice(key_candidates)

        next_word = random.choice(model[m_key])

        if next_word == "[EOS]":
            sentence_count += 1

            #最大文章数以上なら終了
            if sentence_count > max_sentence_num:
                break
            #最大文章数に満たない場合もランダムで終了
            if random.random() < 0.5:
                break

            key_candidates = [key for key in model if ➡
key[0] == "[BOS]"]
            m_key = random.choice(key_candidates)
            queue = deque(list(m_key), n_size)
```

```
        else:
            sentence += next_word
            queue.append(next_word)

    return sentence
```

デフォルトでは seed は [BOS] として文章がランダムに生成される（リスト2.18）。

リスト2.18　文章の生成①

In
```
make_sentence(self_model_A)
```

Out
```
'本屋におります！'
```

一方で、例えば、"今日ご飯食べる？"という文章を seed として与えると、その文章を形態素解析した結果からランダムに言葉を選びそれを seed として文章が生成される。同じ文章を seed として入力しても毎回異なる文章が生成される（リスト2.19）。

リスト2.19　文章の生成②

In
```
make_sentence(self_model_A, seed="今日ご飯食べる？")
```

Out
```
'今日は食べたー！'
```

In
```
make_sentence(self_model_A, seed="今日ご飯食べる？")
```

Out
```
'今日は！タイ？'
```

In
```
make_sentence(self_model_A, seed="今日ご飯食べる？")
```

Out
```
'ご飯一緒に食べよう、大丈夫！（'
```

今後の課題・発展

　発言者、執筆者ごとの特徴を分析した自然言語処理は多いが、自分自身の多面性の分析はあまり前例がないと思われる。本稿では対話相手ごとの違いを分析したが、時系列で自分の発言スタイルがどのように変遷しているかを分析するのも面白いだろう。また他人と自分の発言履歴の差分から、自分が絶対言わなそうなことを生成するチャットも興味深いかもしれない。

CHAPTER 3

電子デバイスを駆使して強制的に感情移入できる漫画を作る

何を隠そう、私は高校生までは漫画家になりたくて、
少年誌に自分の描いた
漫画を投稿しているような人間だった。
それが今やデータ分析が仕事である。

ところが本章にて、データサイエンティストとしての自分の書籍に、
自分の描いた漫画を掲載している。

青年時代の自分に言いたい。
たとえ孤独な時間を多く過ごすことになっても、
絵を描くことをやめるな、プログラミングの勉強をさぼるな、と。

3.1 本章で紹介する内容について

本章で紹介する内容の初出について

- 2016年、mirandora.com にて掲載
  （**URL** https://www.mirandora.com/?p=1677）
- 日経みんなのラズパイコンテスト2016にて発表（アイデア賞受賞）
- 日経ソフトウェア（2016年12月号）掲載

本章の実行環境とデータについて

- 表情撮影/心拍計測：Raspberry Pi 2 Model B+
- 表情判定：Google Cloud Vision
- 本稿のデータ
  （**URL** https://github.com/mirandora/ds_book/tree/main/3_1）

電子デバイスを駆使して強制的に感情移入できる漫画を作る

死んだ魚のような目ではなく嗚咽を漏らしながら漫画を読みたい

　私は人前や対人関係で感情的になることはほぼないが人前でなければ高頻度で泣く。

　映画を観ても小説を読んでもドキュメンタリーを観ても泣くし、盆踊り会場でありもしない幻の記憶へのノスタルジーで泣く。

　感動的なスポーツの瞬間を何度もYouTubeで観て泣くし、自分がこうなったらいいなという成功イメージを妄想しても泣く。

　漫画は感情移入すればするほど面白い。泣く必要はないかもしれないがストーリーのプロットを追うだけではなくキャラクターと同化するように読みたいものだ。

　しかし得てして漫画は移動中や隙間時間に読まれることが多いのではないだろうか。漫画を読んで嗚咽を漏らしたり地団駄を踏んだり胸を掻きむしったという人の話を聞くよりも、満員電車の中で死んだ魚のような目で流れ作業をこなすようにスマホをスワイプして読んでいる人を目にする機会のほうが多い。

　そこで本稿では、Raspberry Pi、Node.js、心拍センサ、Google Cloud Visionとカメラモジュールを用いて「**漫画のキャラクターと読者の感情を強制的に同期させる装置**」、**"Emotion Sync System"** を作成した（図3.1）。本システムは、感情を"心拍数"と"表情"の組み合わせと仮定し、漫画のキャラクターと読者の間で心拍数と表情がマッチするたびにストーリーが進行するシステムとなる。**逆に言うとシーンごとの漫画のキャラクターの表情・心拍数と読者の表情・心拍数が一致しない限り次のコマに進まないことで強制的に感情移入を促すものである。**

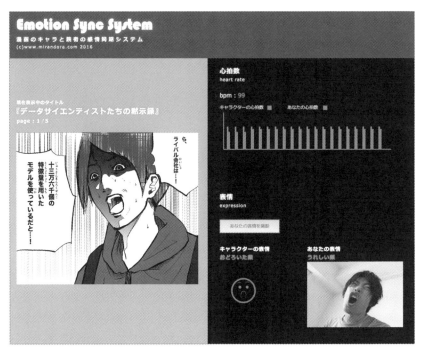

図3.1：感情同期漫画 Emotion Sync System

読者の感情のセンシングと判定

　図3.1において画面左に現在の漫画のコマが表示される。そのコマにおける漫画のキャラクターの心拍数と表情はあらかじめシーンごとに想定で設定しておく。一方、読者の心拍数は心拍センサを用いてリアルタイムに測定し、読者の表情はカメラモジュールによる撮影画像を Google Cloud Vision で画像解析した結果を用いる。これらの処理を、Raspberry Pi および Node.js で制御しリアルタイムに Web ブラウザで可視化した（図3.2）。図3.1の画面右上には漫画のキャラクターと読者の心拍数の推移、右下にはキャラクターの表情と感情、およびカメラモジュールによる読者の表情および画像解析の結果判定された感情が示されている。

・Raspberry Pi

カメラモジュールによる読者の表情撮影および心拍センサによる読者の心拍数をリアルタイムに取得するために使用。

・Node.js

Raspberry Piに接続した各種モジュール・センサの制御および取得したセンサデータをWebブラウザにリアルタイムに送信し処理するために使用。

・Google Cloud Vision API

Googleが提供する画像認識API。今回は「FACE DETECTION」という表情判別機能を使用。Raspberry Piのカメラで撮影した画像をNode.js経由でGoogle Cloud Vision APIに送信し、表情判定結果をWebブラウザに戻す（図3.2）。

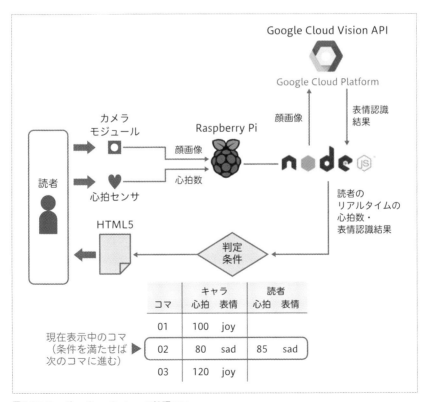

図3.2：Emotion Sync Systemの処理フロー

データサイエンティストたちの喜怒哀楽を題材にした漫画で検証

　"Emotion Sync System" の真価を検証するために、**本稿用に私自ら『データサイエンティストたちの黙示録』という 31 ページの漫画を描き下ろした。**何を隠そう、私は高校生までは漫画家になりたくて少年誌に漫画を投稿していたのである（図3.3）。

図3.3：本システム用に筆者自ら描き下ろした漫画『データサイエンティストたちの黙示録』

　本作は"Emotion Sync System"検証用のため、特にキャラクターの感情の浮き沈みを激しくしている。31ページの短いストーリーの中で不条理なことが頻発するが努力は最終的に報われる。また、こと感情移入に関して重要なことはリアリティであると思われるため、ストーリーを支えるセリフやサブプロットにおいては周りのデータサイエンティストたちへの取材から得られた実体験から着想を得ている（図3.4）。**そのため一部の層に刺さりすぎる内容となっているが、あくまでフィクションである。実際の人物・団体にはいっさい関係がない。**

図3.4：データサイエンティストたちの日常を描いた漫画

心を揺さぶる（揺さぶらないと進まない）読書体験

　それでは動作検証していく。まずは「ライバル社が驚愕のリリースを出した」というシーンだ（図3.5）。表情と心拍数を爆発させよう。

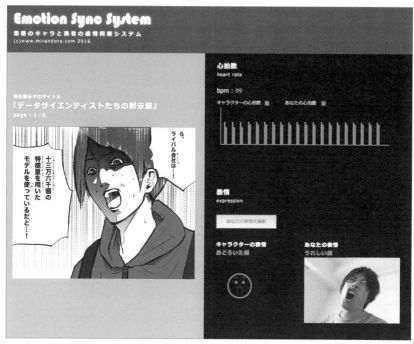

図3.5：ライバル社のリリースに驚愕するシーン（Emotion Sync System画面）

　次に「上司に不条理に詰められる」シーン（図3.6、図3.7）。大人なので感情は抑えつつ心拍数を上げよう。

図3.6：上司に不条理に詰められるシーン

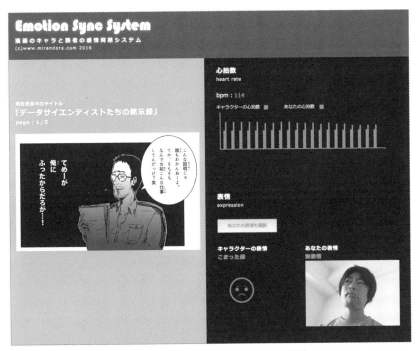

図3.7：上司に不条理に詰められるシーン（Emotion Sync System画面）

　今度は「自分的にはそこまで大したことをやっていないつもりだが、周囲には思ったよりも好評で戸惑いつつも自己承認欲求が満たされる」シーンだ（図3.8、図3.9）。はにかみ具合が肝となる。

図3.8：承認欲求が満たされるシーン

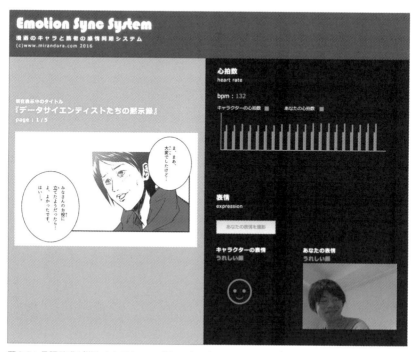

図3.9：承認欲求が満たされるシーン（Emotion Sync System画面）

以上、自ら体験してみた結果として言えることは、表情はともかく**心拍数の上げ下げにかなりの体力を消耗する。**スクワットは手軽に狭いスペースで心拍数を調整することができるので積極的な活用を検討されたい。しかしそのようなシステムのハックとも思えるようなことを通してでも表情や心拍数を一致させながらストーリーを読んでいくと後追いで感情がついてくるということはあり得るように感じた。我々は感情が主体でそれに伴って表情や身体の変化が起きると考えがちだが、普段から意識的によく笑う人は気持ちも前向きになるということだろう。人知れずよく泣くものの日中はデフォルト半笑いで過ごす私は、それゆえ、生煮えのような感情を抱きながら今を生きている。

3.3 解説・今後の課題

Raspberry Piを用いたアプリケーション開発

　Raspberry Pi（ラズベリーパイ。**URL** https://www.raspberrypi.org/）とは英国のRaspberry Pi財団によって開発されている小型のシングルボードコンピュータのことである（図3.10）。GPIOポートを通して各種センサの値をプログラムで受け取ったり、逆にプログラムによってLEDやモーターを制御したりといったことが可能で、日本でも通称"ラズパイ"と呼ばれ電子工作において非常に人気が高い。Raspberry Pi、および電子工作に必要な部品はSWITCH SCIENCE（**URL** https://www.switch-science.com/）や秋月電子通商（**URL** https://akizukidenshi.com/catalog/top.aspx）、千石電商（**URL** https://www.sengoku.co.jp/）などのサイトから購入することができる。本書執筆時点でRaspberry Pi 4が最新モデルとなる。ただし本稿ではRaspberry Pi 2 Model B+を用いて開発・検証している。以降、本稿で紹介したアプリケーションの開発手順について述べるが、各種設定や開発に用いたAPIやモジュールなどは都度アップデートされる可能性がある点に留意されたい。

図3.10：小型で手のひらに収まるサイズのRaspeberry Pi（公式サイトの画像より）

Raspberry Pi OS のインストール

　Raspberry Pi は MicroSD カードに OS を書き込み本体に差し込むことで動作する。そのためまずは 8GB 以上の MicroSD カードを用意し、macOS や Windows などの PC を用いて Web ページから OS を入手し、MicroSD カードリーダー経由で OS を MicroSD カードに書き込む。公式サイト（ URL https://www.raspberrypi.org/software/）で各 OS 用の Raspberry Pi Imager が配布されているので、自身の PC 環境に合わせてダウンロードする（図3.11）。

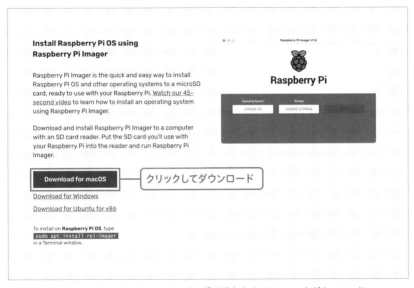

図3.11：Raspberry Pi OS を MicroSD カードに書き込むための Imager をダウンロード

　Raspberry Pi Imager を PC にインストールし起動すると、OS と MicroSD カードを選択することができる。「CHOOSE OS」をクリックして（図3.12）、一番上の Linux 系 OS「Raspberry Pi OS（32-bit）」を選択し（図3.13）、MicroSD カードを PC につながった MicroSD カードリーダーに差し込み、「CHOOSE STORAGE」で、該当の MicroSD カードを選択後、「WRITE」をクリックすると（図3.14）、OS の書き込みがはじまる。

図3.12：Raspberry Pi Imagerの画面

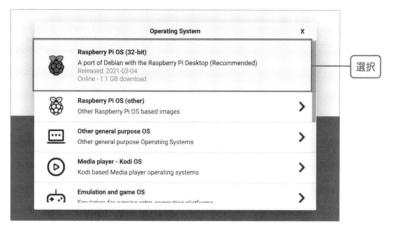

図3.13：Raspberry Pi ImagerでMicroSDカードに書き込むOSを選択

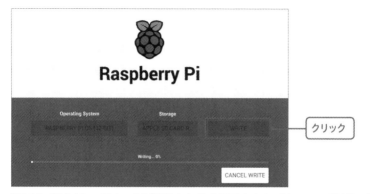

図3.14：OSとMicroSDカードを選択したら「WRITE」をクリックしてOSの書き込みを開始

　書き込みが完了したら、OSの書き込まれたMicroSDカードをRaspberry Pi本体に差し込み、さらにキーボード、マウス、ディスプレイ、Wi-Fiモジュール（あるいは有線LANケーブル）を本体に接続した後、マイクロUSB端子のACアダプタを本体に差し込むと電源が入る（PCのような起動ボタンはない）。起動後、タイムゾーンや言語の設定画面が出てくるため適宜初期設定を進める。無事設定が完了すると図3.15のような画面が表示される。

図3.15：Raspberry Pi起動後の画面

　なおRaspberry Piをシャットダウンするときは「Menu」から「Shut down」を選択してクリックするかターミナルで下記のコマンドを実行する。

```
sudo shutdown - h now
```

　Raspberry Piには電源ボタンがないが、起動中にACアダプタを抜くとOSが破損する可能性があるため、必ずシャットダウンし、本体の緑のランプの点滅が消えてからACアダプタを抜く。

Raspberry Pi のカメラモジュールの設定

　本稿ではカメラ画像を使用するためRaspberry Pi用のカメラモジュールを接続する。Raspberry Pi同様、電子工作部品を扱うサイトなどから購入し、カメラがMicroSDカード側になるように本体に差し込む。白い接続部分

を上に引き上げることができるため、引き上げてできた隙間にモジュールを差し込み接続部を下げて押し込む（図3.16）。

図3.16：Raspberry Piにカメラモジュールを接続した状態（GPIOにピンが刺さっているがカメラの設定には関係ない。図3.28、図3.29にて解説）

　カメラを有効にするため、左上のRaspberry Piのアイコンをクリックし（図3.17❶）、「設定」❷→「Raspberry Piの設定」❸を選択する。

図3.17：左上メニューから「Raspberry Piの設定」を選択

　設定画面が表示されたら、「インターフェイス」を選択する（図3.18❶）。
一番上のカメラが「無効」になっているため「有効」をクリックする❷。設
定を有効にするために再起動する旨が表示されるので再起動する。

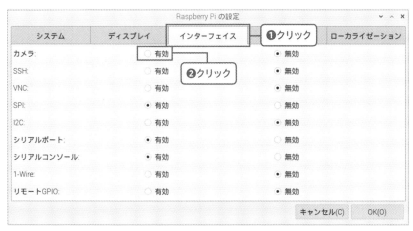

図3.18：インターフェイスのカメラの「有効」をクリック

　再起動が完了したら、ターミナルを立ち上げて下記のコマンドを入力する。

```
vcgencmd get_camera
```

　カメラの設定が有効になっていない状態では「supported=0 detected=0」
と表示されるが正常にカメラが接続され、有効になっていると「supported=1
detected=1」と表示される。もしそのように表示されない場合は、再度接
続および設定を見直しておく。

　もしカメラが正常に認識されているようなら下記のコマンドを入力し、撮
影が正しく行われるか検証しておく。test.jpgは任意のファイル名で問題な
い。カメラからの画像が表示され撮影が開始されたら無事カメラは正常に動
作している。

```
raspistill -o test.jpg
```

Raspberry PiでADCを利用するための準備

　本稿では心拍センサを用いる。心拍センサはアナログ値を返すが Raspeberry Piはデジタル値しか扱えない。そのためADC（Analog-Digital Converter）をセンサとRaspberry Piの間に挟んで回線を組む。Raspberry PiでADCを使用するためにSPI通信を有効にしておく。Raspberry Piの ターミナルを起動し、viなどのエディタで「config.txt」を開く。

```
sudo vi /boot/config.txt
```

　「config.txt」内で下記の行を探し、先頭のコメントアウト（#）を削除しコマンドを有効にする。config.txtを保存したら再起動する（リスト3.1）。

リスト3.1　config.txt内でSPI通信の設定行のコメントアウトを削除

```
#dtparam=spi=on
```

削除

　再起動後、念のためSPI通信が有効になっているかを確認しておく。下記のコマンドでspiが表示されれば問題ない。

```
lsmod | grep spi
```

Google Cloud Vision APIを用いた表情判定

　Raspberry Piのカメラで撮影した表情の判定にGoogle Cloud Vision API を用いる。Google Cloud Vision APIは表3.1のように様々な機能がある。

表3.1：Google Cloud Vision APIの主な機能

機能	詳細
オブジェクトの検出	オブジェクトをその場所と数を含めて検出する
印刷テキストと手書き文字の検出	OCRを使用し、言語を自動的に識別する
顔の検出	顔と表情属性を検出する
著名な場所と製品ロゴの識別	著名なランドマークや製品のロゴを自動的に識別する
一般的な画像属性の割り当て	一般的な属性や適切なクロップヒント（推奨の画像切り抜き範囲）を検出する
ウェブ エンティティとページの検出	ニュース、イベント、ロゴ、Web上の類似画像を見付ける
コンテンツの管理	画像に含まれるアダルトコンテンツや暴力的コンテンツなどの不適切なコンテンツを検出する

引用 Vision AI公式ページより一部抜粋
URL https://cloud.google.com/vision/docs/features-list?hl=ja

　本システムでは「顔の検出」を利用する。本機能は画像をPOST（送信）すると、目や鼻の位置など様々な判定結果とともに、表情を4つの項目で判定し（**表3.2**）、さらにその度合いを5段階で示す（**表3.3**）。

表3.2：表情判定項目

表情判定	意味
joyLikelihood	喜び
sorrowLikelihood	悲しみ
angerLikelihood	怒り
surpriseLikelihood	驚き

表3.3：表情判定結果

判定結果	意味
UNKNOWN	判定不可
VERY_UNLIKELY	とてもそうとは言えない
UNLIKELY	あまりそうとは言えない
POSSIBLE	ややそう言える
LIKELY	かなりそう言える
VERY_LIKELY	とてもそう言える

「顔の検出」機能の一通りの流れ・実装方法は、Google Cloud Vision API 公式サイト（**URL** https://cloud.google.com/vision/docs/detecting-faces ?hl=ja）にて紹介されておりデモを試すことができる（**図3.19**）。本システムで利用する Node.js での実装のほか、Python、Java での実装方法も紹介されているので適宜参照してほしい。

図3.19：Google Vision API 公式ページでのデモ

　Google Cloud Vision API 利用の際は、Google Cloud Platform にてクレジットカードの登録および API キーの取得が必要となる。Google Cloud の各種サービス利用は、課金の有無にかかわらず請求情報の入力が必要となる。利用の際はくれぐれも最新の利用料金を確認し、想定外の請求が発生しないよう注意されたい。以降の操作は2021年執筆時点での Google 画面での操作となる。細かい仕様は随時変更される可能性があるが「プロジェクトの作成」「請求先設定」「API キーの作成」という手順を行う。

　Google Cloud Platform の操作は Raspberry Pi ではなく通常の PC にて行う。手持ちの PC から Google Cloud Platform（**URL** https://console.

cloud.google.com/）の画面にアクセスする。もしGoogleアカウントを持っていない場合、先にGoogleアカウントを作成しておく。

　まずは「プロジェクトの作成」を行う。左上のGoogle Cloud Platformのロゴ右のプロジェクト名を選択して「プロジェクトの選択」画面で「新しいプロジェクト」をクリックする（図3.20❶）。「新しいプロジェクト」画面で「プロジェクト名」に任意のプロジェクト名を入力して❷、「場所」は「組織なし」のまま❸、「作成」をクリックする❹。左上のロゴ右から「プロジェク

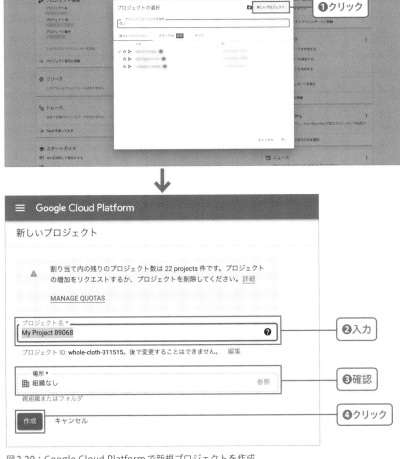

図3.20：Google Cloud Platformで新規プロジェクトを作成

トの選択」画面を見ると新規のプロジェクトが作成されている。新規プロジェクト名をクリックし、作成したプロジェクトに切り替えておく。

　続いて「請求先設定」を行う。新規作成プロジェクトの場合はまだ請求先アカウントを登録していないので、「このプロジェクトには請求先アカウントがありません」と表示される（図3.21）。すでにGoogle Cloud Platfromを利用しており請求先アカウントを作成済みの場合、別のプロジェクトで利用中の支払い情報とリンクさせるか新規に設定する。「請求先アカウントを管理」をクリックすると、請求先アカウント一覧が表示されるため目的のアカウントを選択した後、左メニューから「お支払い設定」をクリックする（図3.22）。

図3.21：
新規作成プロジェクトでお支払い画面を開いた状態（既存の請求先アカウントがある場合。ない場合は別の画面が表示される）

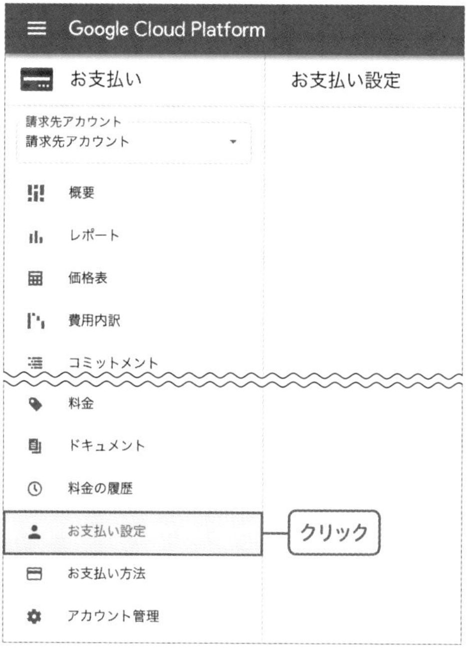

図3.22：
既存の請求先アカウントから目的のアカウントを選択したのち、左メニューから「お支払い設定」をクリック

　もしGoogle Cloud Platformの利用が初めてで請求先アカウントを登録していない場合は、図3.21または図3.22の画面が表示されない。「お支払い」ページから「アカウントを作成」をクリックし新しい請求先アカウントの作成を行う。「名前」に請求先アカウント名を入力して（図3.23❶）、「国」は「日本」❷、「通過」は「JPY」のまま❸、「続行」をクリックする❹。

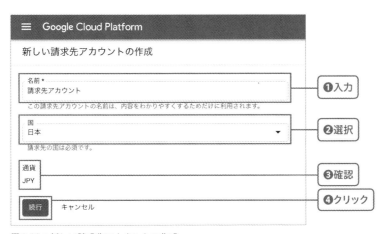

図3.23：新しい請求先アカウントの作成

　以降は既存の請求先アカウントを選択した場合と新規作成した場合で同様となる。「アカウントの種類」「名前と住所」「メインの連絡先」「お支払いタイプ」「お支払い方法」などの請求先情報を入力・設定し、「送信して課金を有効にする」をクリックする。これで請求先情報の設定が完了し、各種Google Cloud Platformのサービスが利用できるようになる。

　最後に、Google Cloud Vision APIを利用するための「APIキーの作成」を行う。左上メニューから「APIとサービス」を選択し、「APIとサービスの有効化」ボタンをクリックする。するとAPIサービスの一覧が表示されるため、「Cloud Vision API」をクリックする（図3.24）。

図3.24：APIサービス一覧から「Cloud Vision API」を選択

Cloud Vision APIの「有効にする」をクリックする（図3.25）。

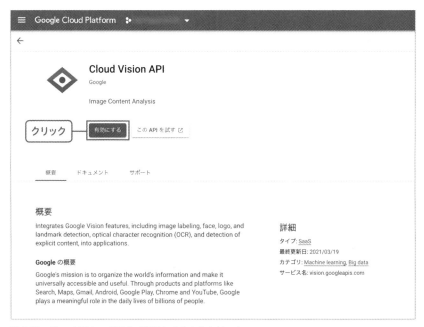

図3.25：Cloud Vision APIの「有効にする」をクリック

　自動で「認証情報」のページに遷移するが、もしページが切り替わらない場合は「APIとサービス」の左メニューから「認証情報」をクリックし（図3.26❶）、認証情報ページに移動する。上部の「認証情報を作成」をクリックして❷、「APIキー」を選択する❸。

図3.26：「認証情報を作成」から「APIキー」を選択

　「APIキーを作成しました」の画面に表示されているAPIキーをコピーしておく（図3.27）。このCloud Vision APIのAPIキーをのちほどRaspberry Piでのコードに使用する。APIキーの利用はサイトやIPアドレスなどで制限をかけることができる。必要に応じて「キーを制限」から各種設定をしておく。以上でGoogle Cloud Platformでの作業は完了となる。以降は再びRaspberry Piでの作業に戻る。なお本番環境を作る際はより強固なセキュリティ設定をしておく。また本稿でのテスト後、APIを使用しない場合は、プロジェクトの削除やAPIの利用停止を行い、意図しない課金が発生しないように注意する。

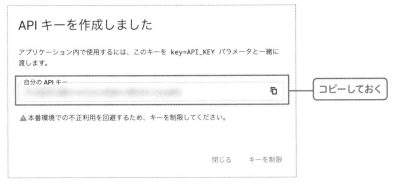

図3.27：APIキー作成完了画面

Raspberry Piに必要なモジュールのインストール

　Raspberry Piに必要なモジュールをインストールする。まずは、Raspberry Piにてターミナルを起動する。今回、Node.jsというネットワークアプリケーション構築用のJavaScript環境を使用することで、Raspberry Piで取得した心拍センサやカメラモジュールの計測値をPCブラウザに通信して可視化する。

　パッケージ管理コマンドであるapt-getでのNode.jsは古いバージョンで止まっているため、マニュアルでインストールする。

　Node.jsのサイト（URL https://nodejs.org/dist/）から、自身のRaspberry Piにおける最新のNode.jsを確認する。筆者はRaspberry Pi 2（arm6v）のため、「node-v11.15.0-linux-armv6l」をダウンロードすることにする。

　まずは公式サイトで調べた自身の最新環境のNode.jsをダウンロードする。

```
sudo wget https://nodejs.org/dist/latest-v11.x/➡
node-v11.15.0-linux-armv6l.tar.xz
```

　次に「/usr/local/lib」直下に「nodejs」というフォルダを作成する。

```
sudo mkdir -p /usr/local/lib/nodejs
```

　作成したフォルダに先ほどダウンロードしたnode.jsを解凍する。

```
sudo tar -xJvf node-v11.15.0-linux-armv6l.tar.xz -C /➡
usr/local/lib/nodejs
```

　viで「~/.profile」を開きパスを設定する。

```
sudo vi ~/.profile
```

　「~/.profile」の任意の位置にリスト3.2を追記する（「node-v11.15.0-linux-armv6l」の箇所は各々がダウンロードしたバージョンによって変更）。

リスト3.2　パスの記述を追加

```
export PATH=/usr/local/lib/nodejs/node-v11.15.0-➡
linux-armv6l/bin:$PATH
```

「source ~/.profile」で変更を有効にしておく。

```
source ~/.profile
```

下記のコマンドで、node、npm（Node Package Manager。Node.jsで使用するパッケージを管理する）、npx（ローカルで簡易なコマンドでNode.jsパッケージを使用するためのもの）のリンクを作成しておく。

```
sudo ln -s /usr/local/lib/nodejs/node-v11.15.0-linux-➡
armv6l/bin/node /usr/bin/node
sudo ln -s /usr/local/lib/nodejs/node-v11.15.0-linux-➡
armv6l/bin/npm /usr/bin/npm
sudo ln -s /usr/local/lib/nodejs/node-v11.15.0-linux-➡
armv6l/bin/npx /usr/bin/npx
```

以上でNode.jsおよびnpmをインストールできた。念のため、「node-v」、「npm -v」を実行し、インストールされたバージョンが表示されれば問題ない。本稿ではNode.jsは「v11.15.0」、npmは「6.7.0」のバージョンで検証を行った。

最後に本稿で使用するパッケージをインストールする。アプリケーションを開発する（のちほど.pyファイルを作成する）フォルダにて以下を実行する。もし、環境によって、pi-spiやrpioのインストールでエラーとなった場合は以下のコマンドの末尾に「--unsafe-perm」を付けて試すとうまくいく場合がある。

```
sudo npm install socket.io
```

```
sudo npm install node-cloud-vision-api
```

```
sudo npm install pi-spi
```

```
sudo npm install rpio
```

　ここまで実行できたら「Menu」から「Shutdown」を選択するか、下記の
コマンドで一度Raspberry Piをシャットダウンしたのち、Raspberry Pi本
体とセンサやモジュール類を使った回路を組んでいく。

```
sudo shutdown - h now
```

Raspberry Piと心拍センサを用いた回路設計

　本システムはRaspberry Piに心拍センサ、カメラモジュール、Wi-Fiモ
ジュールを接続して構築、Node.jsでクライアントとサーバの処理を行う。
前述の通り心拍センサのアナログ値を用いるためADCを挟んで回線を組
む。以降の作業ではここまで述べた部品含め表3.4の部品をあらかじめ用意
しておく。

表3.4：必要な部品

部品	型番・備考
Raspberry Pi	本稿ではRaspberry Pi 2 Model B+を使用
MicroSDカード	OSをインストールしたもの。最低8GB必要（OSイン ストール時にMicroSDカードリーダーが必要）
USB Wi-Fiモジュール	有線LANケーブルでも可
USBキーボード	※Raspberry PiのバージョンによってはBluetooth キーボード使用可
USBマウス	※Raspberry PiのバージョンによってはBluetooth マウス使用可
microUSB ACアダプタ	電圧に注意。Raspberry Pi公式専用アダプタ推奨
ブレッドボード	本稿の内容はハーフサイズのもので十分

（続く）

（続き）

部品	型番・備考
ブレッドボード用ワイヤー	オス-オス（4本）、オス-メス（6本）どちらも必要
Raspberry Piカメラモジュール	型番は特に問わない。数千円のもので可
ADC	本稿ではMCP3002を使用
心拍センサ	型番SFE-SEN-11574

　ADCは0、1の2つのchannelを持つが今回はchannel:0を利用する。Raspberry Piの3.3V電圧を使用する場合の接続は図3.28のようになる（図3.29は回路図作成ソフト「Fritzing」で作成）。ここでADCには向きがある点に留意する。以下の写真および図で半円が下向きになるように配置する。心拍センサはLED部分を指の先端に当てることで計測される。詳細な使用方法などは製品公式ページのGetting Started Guide（ URL https://pulsesensor.com/pages/code-and-guide）を参照されたい。

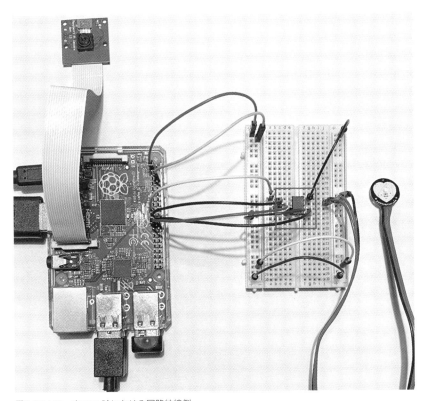

図3.28：Raspberry Piにおける回路結線例

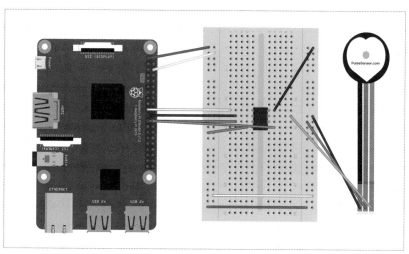

図3.29：Raspberry Piにおける回路設計例（Fritzingによる作図）

Node.jsを用いたアプリケーション開発

　Raspberry Pi に Node.js を用いたプログラムを作成していく。Raspberry Pi 上でアプリケーションを動作させるフォルダにて ess_app.js と index. html ファイルを作成する。また「images」フォルダを作成して、その中に任意の初期画像「raspi_camera.jpg」を格納しておく（図3.30）。

図3.30：Raspberry Pi 上のフォルダ構成

　まずは ess_app.js を作成していく。冒頭に厳格モード「'use strict'」を宣言した後、最初に先ほどインストールした今回のアプリケーションで必要なパッケージを require で記述する。そのほかに心拍センサの値を格納するリストや Cloud Vision API からの JSON データの返答を代入する変数を宣言する。また Cloud Vision API の解説パートで取得した API キー（図3.27）を、リスト3.3 のように vision.init({auth:'****'}) 内の auth 以下に入力する。

リスト3.3　必要なパッケージ、変数の宣言、API キーの記述

```
'use strict'
var app = require('http').createServer(handler),
 io = require('socket.io')(app),
 fs = require('fs');
var SPI = require('pi-spi');
var rpio = require('rpio');
var spawn = require('child_process').spawn;
const vision = require('node-cloud-vision-api');
vision.init({auth:'取得したAPIキー'});


var camera_image_url = '/images/raspi_camera.jpg';
var sensor_array = [];
var gcv_json_data;
```

　次に SPI 通信を開始するための決まり文句を記述する（リスト3.4）。

リスト3.4　SPI 通信を開始するための決まり文句を記述

```
var spi = SPI.initialize("/dev/spidev0.0"),
    MCP3002 = Buffer([1,(8+0) << 4, 0]);
```

　次に値を取得したのちボルトに変換する処理を記述する（リスト3.5）。心拍センサから得られる値のうち、前半の6bit はヘッダみたいなもののため無視し、処理に必要となる前半の最後の2bit 以降（前半の最後の2bit + 後半の8bit）を抜き出す。よって前半8bit 分と「00000011（つまり10進数では

3)」との論理和をとることで前半の最後の2bit分だけを取り出す。"<<" はシフト演算子で、"<<8"とすると8桁左に移動させることを意味する。

よって、

- d[1]&3：前半の最後の2bitを取り出す。
- <<8：上記を8桁上げた上で、
- + d[2]：後半の8bitを加える。

とすることで心拍センサからの値が取得できる。心拍センサからの返答は0〜1023までの値となるため、「* 3.3) / 1023」とすることで、0〜3.3Vまでの値に変換する（もしRaspberry Piの電源を5Vに接続している場合、0〜5Vに変換する）。

リスト3.5　心拍センサからの値を取得したのちボルトに変換する処理

```
setInterval(function(){
    spi.transfer(MCP3002,MCP3002.length,function(e,d){
        if(e) console.error(e);

        else{
            var val = ((((d[1] & 3) << 8) + d[2]) * 3.3 ➡
) / 1023
            sensor_array.push(val);
        }
    });
},100);
```

Node.jsを動作させたときのWebアプリのポート番号を指定する。ここではポート番号を1337としておく（リスト3.6）。

リスト3.6　Webアプリのポート番号の指定

```
app.listen(1337);
```

続いてWebアプリにリクエストがあった際の処理を記述する（リスト 3.7）。

リスト3.7　Webアプリにリクエストがあった際の処理を記述

```
function handler(req,res){
    if(!req.url.indexOf(camera_image_url)){
        fs.readFile(__dirname + '/images/raspi_camera.➡
jpg', 'binary',
            function(err,data){
                res.writeHead(200,{'Content-Type':➡
'image/jpg'});
                res.write(data,'binary');
                res.end();
            });
    }
    else{
        fs.readFile(__dirname + '/index.html', function➡
(err,data){
            if(err){
                res.writeHead(500);
                return res.end('Error');
            }
            res.writeHead(200);
            res.write(data);
            res.end();
        })
    }
}
```

最後にsocket.ioを用いたサーバ・クライアント間の処理を記述する。こ こはのちほどのhtmlファイルと見比べながら実装すると処理の流れがつか みやすい。まずは心拍センサの値を返答する処理を記述する（リスト3.8）。

リスト3.8　心拍センサの値を返答する処理を記述

```
io.sockets.on('connection',function(socket){
    socket.on('emit_from_client',function(data){
        socket.emit('emit_from_server',sensor_array➡
[sensor_array.length-1]);
    });
```

　上記に続いて、htmlでシャッターボタンが押された後の処理を記述する。まずはカメラで画像を撮影し、「images」フォルダ内に「raspi_camera.jpg」というファイル名で保存する。次にその画像をGoogle Cloud Vision APIに送信し、最後にその応答結果をJSONデータにしてクライアントに送信する（リスト3.9）。

リスト3.9　シャッターボタンが押された後の処理を記述

```
    socket.on('emit_from_client_with_camera',function➡
(data){
        var raspistill = spawn('raspistill', [ '-o' , ➡
'./images/raspi_camera.jpg','-w' , '320', '-h', '240', ➡
'-t','100']);

        const req1 = new vision.Request({
            image: new vision.Image('./images/➡
raspi_camera.jpg'),
            features: [
                new vision.Feature('FACE_DETECTION', 4),
            ]
        });

        vision.annotate(req1).then((res) => {
            gcv_json_data = JSON.stringify(res.responses);
            socket.emit('emit_from_server_with_camera',➡
gcv_json_data);
        }, (e) => {
            console.log('Error: ', e)
```

```
        });
    });
});
```

ここまでの処理をまとめた ess_app.js 全体のコードはリスト3.10 となる。

リスト3.10　ess_app.js全体のコード

```
'use strict'
var app = require('http').createServer(handler),
 io = require('socket.io')(app),
 fs = require('fs');
var SPI = require('pi-spi');
var rpio = require('rpio');
var spawn = require('child_process').spawn;
const vision = require('node-cloud-vision-api');
vision.init({auth:'取得したAPIキー'});

var camera_image_url = '/images/raspi_camera.jpg';
var sensor_array = [];
var gcv_json_data;

var spi = SPI.initialize("/dev/spidev0.0"),
    MCP3002 = Buffer([1,(8+0) << 4, 0]);

setInterval(function(){
    spi.transfer(MCP3002,MCP3002.length,function(e,d){
        if(e) console.error(e);

        else{
            var val = (((((d[1] & 3) << 8) + d[2]) * 3.3 ➡
) / 1023
            sensor_array.push(val);
        }
    });
},100);
```

```
app.listen(1337);

function handler(req,res){
    if(!req.url.indexOf(camera_image_url)){
        fs.readFile(__dirname + '/images/➡
raspi_camera.jpg', 'binary',
            function(err,data){
                res.writeHead(200,{'Content-Type':➡
'image/jpg'});
                res.write(data,'binary');
                res.end();
            });
    }
    else{
        fs.readFile(__dirname + '/index.html', function➡
(err,data){
            if(err){
                res.writeHead(500);
                return res.end('Error');
            }
            res.writeHead(200);
            res.write(data);
            res.end();
        })
    }
}

io.sockets.on('connection',function(socket){
    socket.on('emit_from_client',function(data){
        socket.emit('emit_from_server',sensor_array➡
[sensor_array.length-1]);
    });

    socket.on('emit_from_client_with_camera',function➡
(data){
```

```
            var raspistill = spawn('raspistill', [ '-o' , ➡
    './images/raspi_camera.jpg','-w' , '320', '-h', '240', ➡
    '-t','100']);

            const req1 = new vision.Request({
                    image: new vision.Image('./images/➡
    raspi_camera.jpg'),
                    features: [
                            new vision.Feature('FACE_DETECTION', 4),
                    ]
            });

            vision.annotate(req1).then((res) => {
                    gcv_json_data = JSON.stringify(res.responses);
                    socket.emit('emit_from_server_with_camera',➡
    gcv_json_data);
            }, (e) => {
                    console.log('Error: ', e)
            });
        });
    });
```

Socket.io を用いたクライアントと Raspberry Pi の通信および可視化

　次に index.html ファイルを作成していく。Node.js の socket.io を通じて index.html（クライアント側）と ess_app.js（サーバ側）が交互に通信される。ここからはその処理の流れを中心に解説する。まずは定期的にクライアント側からサーバ側にリクエストを送る処理を書く。クライアントから Raspberry Pi に送るデータは何でもよいためここでは「1」としておく（リスト3.11）。

リスト3.11　定期的にクライアント側からサーバ側にリクエストを送る処理

```
setInterval(function(){
    socket.emit('emit_from_client',1);
},100);
```

　リスト3.11が実行されるとサーバ側（先ほどのess_app.js）のリスト3.12の処理が実行され心拍センサの値がクライアント側に返される。

リスト3.12　心拍センサの値をクライアント側に返す処理

```
socket.on('emit_from_client',function(data){
    socket.emit('emit_from_server',sensor_array➡
[sensor_array.length-1]);
});
```

　Raspberry Piから心拍センサの値を受け取ったらクライアント側にてそのデータを都度リストに格納する（リスト3.13）。

リスト3.13　クライアント側にて心拍センサのデータをリストに格納する処理

```
socket.on('emit_from_server',function(data){
    var date_obj = new Date();
    var latest_data = [date_obj,data];
    sensor_array.push(latest_data);

    shinpaku = parseInt( get_shinpaku(sensor_array));
    document.getElementById("shinpaku_value").➡
textContent = shinpaku;

    shinpaku_array.push(shinpaku);
    viz_shinpaku();

    judge_image_condition();
});
```

リスト3.13の処理の最後で表情および心拍数から次の画像を表示するか判定する関数を呼び出す（リスト3.14）。ここが本アプリケーションのアイデアを実現するパートとなる。

リスト3.14 表情および心拍数から次の画像を表示するか判定する関数を呼び出す

```
function judge_image_condition(){
    var judge_image_count = 0;

    if(shinpaku_array.length > 30){
        for(var i = shinpaku_array.length-10; ➡
i<shinpaku_array.length;i++){
            if(shinpaku_conditions_array➡
[image_array_index][1] == 1){
                if(shinpaku_array[i] > ➡
shinpaku_conditions_array[image_array_index][0]){
                    judge_image_count ++;
                }
            }
            else {
                if(shinpaku_array[i] < ➡
shinpaku_conditions_array[image_array_index][0]){
                    judge_image_count ++;
                }
            }
        }

        if(judge_image_count > shinpaku_conditions_array➡
[image_array_index][2]
            && shinpaku_conditions_array➡
[image_array_index][3] == your_face_index){
            image_array_index++;
            if(image_array_index > image_array.length-1){
                image_array_index = 0;
            }
```

```
            document.getElementById("image_field"). ➡
src = image_array[image_array_index];
            document.getElementById("chara_face_text"). ➡
textContent = chara_face_array[image_array_index][1];
            document.getElementById("chara_face_img"). ➡
src = chara_face_array[image_array_index][0];
        }
    }
}
```

　リスト3.11からリスト3.14を含むindex.htmlの例を示す（リスト3.15）。心拍センサの値はHTML5でグラフィック描画を行うためのライブラリCreateJSにて描画している。なお、本稿では運用上、画像やCSSおよびCreateJSのライブラリファイルはRaspberry Pi上に置かず別のサーバ（ URL https://www.mirandora.com）にアップし、Raspberry Pi上のプログラムからグローバルURLにてアクセスしている。リスト3.15ではデモ用に4つの画像での例を示す。

リスト3.15　index.html

```
<!DOCTYPE html>
<html lang="ja">
    <head>
        <meta charset = "utf-8">
        <title>Emotion Sync System</title>
        <script src="https://www.mirandora.com/rpi/js/ ➡
easeljs-0.8.2.min.js"></script>
        <script src="https://www.mirandora.com/rpi/js/ ➡
tweenjs-0.6.2.min.js"></script>
        <script src="https://www.mirandora.com/rpi/js/ ➡
jquery-2.2.3.min.js"></script>
        <link href='https://fonts.googleapis.com/ ➡
css?family=Poiret+One' rel='stylesheet' type='text/css'>
        <link href='https://www.mirandora.com/rpi/css/ ➡
main.css' rel='stylesheet' type='text/css'>
    </head>
```

```
<body>
    <div id="header">
        <div id="title_box">
            <div id="title">Emotion Sync System</div>
            <div id="sub_title">漫画のキャラと読者の感情同期シス➡
テム</div>
            <div id="cright">(c)www.mirandora.com 2016➡
</div>
        </div>
    </div>
    <div id="main_area">
        <div id="comic_box">
            <div id="description">現在表示中のタイトル</div>
            <div id="manga_title">『データサイエンティストたちの➡
黙示録』</div>
            <span id="page_stage" class="page_class">➡
page : </span><span id="now_page" class="page_class">1➡
</span> / <span id="total_page" class="page_class">5➡
</span>
            <div id="manga_stage">
                <img id="image_field" src="https://www.➡
mirandora.com/rpi/images/image01.jpg">
            </div>
        </div>
        <div id="sensor_box">
            <div id="shinpaku_area">
                <div class="caption_jp">心拍数</div>
                <div class="caption_en">heart rate</div>
                <span class="cap">bpm : </span><span id=➡
"shinpaku_value">now loading...</span><br>
                <canvas id="shinpaku_stage" width="440" ➡
height="220"></canvas><br>
            </div>
            <div id="face_area">
                <div class="caption_jp">表情</div>
                <div class="caption_en">expression</div>
```

```
                    <button type="button" onClick= ➡
"shutter_cl()" id="shutter">あなたの表情を撮影</button><br>
                    <div id="exp_area">
                        <div id="chara_exp">
                            <div class="exp_cap">キャラクターの➡
表情</div>
                            <div class="exp_cap" id= ➡
"chara_face_text">こまった顔</div>
                            <div id="chara_face"><img id= ➡
"chara_face_img" src="https://www.mirandora.com/rpi/ ➡
images/face_sad.png"></div>
                        </div>
                        <div id="your_exp">
                            <div class="exp_cap">あなたの表情➡
</div>
                            <div class="exp_cap" id= ➡
"your_face_text">無表情</div>
                            <img id="rp_camera" src = ➡
"./images/raspi_camera.jpg" width="240px" height="160px">
                        </div>
                        <div class="clear"></div>
                    </div>
                </div>
            </div>
            <div class="clear"></div>
        </div>
        <script src="/socket.io/socket.io.js"></script>
        <script>
            var socket = io.connect();
            var CV_URL = "https://vision.googleapis.com/v1/ ➡
images:annotate?key=取得したAPIキー";
            var sensor_array = [];
            var shinpaku_array = [];
            var shinpaku = 0;
            var shinpaku_threshold = 0.3;
            var stage = new createjs.Stage("shinpaku_stage")
```

```
        var debug_mode_flag = 1;

        var image_array = [
            "https://www.mirandora.com/rpi/images/➡
image01.jpg",
            "https://www.mirandora.com/rpi/images/➡
image02.jpg",
            "https://www.mirandora.com/rpi/images/➡
image03.jpg",
            "https://www.mirandora.com/rpi/images/➡
image04.jpg"
        ];
        var image_array_index = 0;

        //[threshold_shinpaku, beyond:1 behind:0, ➡
count, face_index]
        var shinpaku_conditions_array = [
            [90 ,0, 5, 1],
            [110,1, 5, 3],
            [120,1, 5, 2],
            [90 ,0, 5, 0],
        ];
        var chara_face_array = [
            [["https://www.mirandora.com/rpi/images/➡
face_sad.png"],["かなしい顔"]],
            [["https://www.mirandora.com/rpi/images/➡
face_surprise.png"],["おどろいた顔"]],
            [["https://www.mirandora.com/rpi/images/➡
face_angry.png"],["おこった顔"]],
            [["https://www.mirandora.com/rpi/images/➡
face_smile.png"],["うれしい顔"]]
        ];

        //0:smile 1:sad 2:angry 3:surprise
        var your_face_index = 0;
        var your_face_array = [
```

```
            "うれしい顔",
            "かなしい顔",
            "おこった顔",
            "おどろいた顔",
            "無表情"
    ];


    setInterval(function(){
        socket.emit('emit_from_client',1);
    },100);

    socket.on('emit_from_server',function(data){
        var date_obj = new Date();
        var latest_data = [date_obj,data];
        sensor_array.push(latest_data);

        shinpaku = parseInt( get_shinpaku➡
(sensor_array));
        document.getElementById("shinpaku_value").➡
textContent = shinpaku;

        shinpaku_array.push(shinpaku);
        viz_shinpaku();

        judge_image_condition();
    });

    socket.on('emit_from_server_with_camera',➡
function(data){
        displayJSON(data);
    });

    function judge_image_condition(){
        var judge_image_count = 0;
```

```
        if(shinpaku_array.length > 30){
            for(var i = shinpaku_array.length-10; ➡
i<shinpaku_array.length;i++){
                if(shinpaku_conditions_array➡
[image_array_index][1] == 1){
                    if(shinpaku_array[i] > ➡
shinpaku_conditions_array[image_array_index][0]){
                        judge_image_count ++;
                    }
                }
                else {
                    if(shinpaku_array[i] < ➡
shinpaku_conditions_array[image_array_index][0]){
                        judge_image_count ++;
                    }
                }
            }

                if(judge_image_count > ➡
shinpaku_conditions_array[image_array_index][2]
                    && shinpaku_conditions_array➡
[image_array_index][3] == your_face_index){
                    image_array_index++;
                    if(image_array_index > ➡
image_array.length-1){
                        image_array_index = 0;
                    }

                    document.getElementById➡
("image_field").src = image_array[image_array_index];
                    document.getElementById➡
("chara_face_text").textContent = chara_face_array➡
[image_array_index][1];
                    document.getElementById("chara_➡
face_img").src = chara_face_array[image_array_index][0];
                }
```

```
        }
    }

    function get_shinpaku(array){
        var shinpaku = 0;
        var heart_beat_span = 0;

        //0.1以下になった上で、0.3以上になった回数の時間間隔

        var count_index = array.length -1;
        var span_start_time = array[count_index][0];
        var span_end_time = array[count_index][0];

        var phase_index = 0;

        var array_threshold = 0;
        //check recent 2.5 seconds
        if(array.length > 25){
            array_threshold = array.length-25;
        }

        while(count_index > array_threshold){
            if(array[count_index][1] > 0.3 && ➡
phase_index == 0){
                span_end_time = array[count_index][0];
                phase_index = 1;
            }
            if(array[count_index][1] < 0.1 && ➡
phase_index == 1){
                phase_index = 2;
            }
            if(array[count_index][1] > 0.3 && ➡
phase_index == 2){
                span_start_time = array[count_index]➡
[0];
                phase_index = 3;
```

```
                break;
            }
            count_index--;
        }

        if(phase_index == 3){
            heart_beat_span = span_end_time - ➡
span_start_time;
        }

        if(heart_beat_span != 0){
            shinpaku = 60000 / heart_beat_span;
        }

        return      shinpaku;
    }

    function viz_shinpaku(){
        stage.removeAllChildren();

        var cap_text1 = new createjs.Text("キャラクター➡
の心拍数", "11px Meiryo,メイリオ,HiraKakuPro-W3,sans-serif,➡
Osaka", "#ffffff");
        cap_text1.x = 0;
        cap_text1.y = 10;
        stage.addChild(cap_text1);

        var cap_graphics = new createjs.Graphics();
        cap_graphics.beginStroke("#33cccc");
        cap_graphics.beginFill("#33cccc");
        cap_graphics
            .moveTo(0,0)
            .lineTo(0,10)
            .lineTo(10,10)
            .lineTo(10,0)
            .closePath();
```

```
            var cap_shape = new createjs.Shape➡
(cap_graphics);
            cap_shape.x = 120;
            cap_shape.y = 14;
            stage.addChild(cap_shape);

            var cap_text2 = new createjs.Text➡
("あなたの心拍数", "11px Meiryo,メイリオ,HiraKakuPro-W3,➡
sans-serif,Osaka", "#ffffff");
            cap_text2.x = 170;
            cap_text2.y = 10;
            stage.addChild(cap_text2);

            var cap2_graphics = new createjs.Graphics();
            cap2_graphics.beginStroke("#ff6699");
            cap2_graphics.beginFill("#ff6699");
            cap2_graphics
                .moveTo(0,0)
                .lineTo(0,10)
                .lineTo(10,10)
                .lineTo(10,0)
                .closePath();
            var cap2_shape = new createjs.Shape➡
(cap2_graphics);
            cap2_shape.x = 260;
            cap2_shape.y = 14;
            stage.addChild(cap2_shape);


            var x_axis_line = new createjs.Shape();
            x_axis_line
                .graphics
                .beginStroke("#ffffff")
                .setStrokeStyle(1)
                .moveTo( 10 ,30)
                .lineTo( 10 ,120)
```

```
            .closePath();
        stage.addChild(x_axis_line);
        var y_axis_line = new createjs.Shape();
        y_axis_line
            .graphics
            .beginStroke("#ffffff")
            .setStrokeStyle(1)
            .moveTo( 10 ,120)
            .lineTo( 420 + 10 ,120)
            .closePath();
        stage.addChild(y_axis_line);

        if(shinpaku_array.length > 30){
            for(var i=0;i<20;i++){
                var moving_line = new createjs.➡
Shape();
                moving_line
                    .graphics
                    .beginStroke("#ff6699")
                    .setStrokeStyle(4)
                    .moveTo( i*20 + 24 ,120)
                    .lineTo( i*20 + 24 ,120 - ➡
parseInt(shinpaku_array[shinpaku_array.length - ➡
(20-i)]*0.5))
                    .closePath();
                stage.addChild(moving_line);
                var chara_line = new createjs.Shape();
                chara_line
                    .graphics
                    .beginStroke("#33cccc")
                    .setStrokeStyle(4)
                    .moveTo( i*20 + 20 ,120)
                    .lineTo( i*20 + 20 ,120 - ➡
shinpaku_conditions_array[image_array_index][0] * 0.5)
                    .closePath();
                stage.addChild(chara_line);
```

```
                }
            }
            stage.update();
        }

        function shutter_cl(){
            socket.emit('emit_from_client_with_camera',1);
        }

        function displayJSON(data) {
            var sub_data = data.substring➡
(1,data.length-1);
            var obj = (new Function("return " + ➡
sub_data))();
            var contents = JSON.stringify(obj, null, 4);
            var json_data = JSON.parse(contents);

            console.log(json_data.faceAnnotations[0]);

            if(json_data.faceAnnotations[0].➡
joyLikelihood=="VERY_LIKELY" || ➡
json_data.faceAnnotations[0].joyLikelihood=="LIKELY"){
                your_face_index = 0;
            }
            else if(json_data.faceAnnotations[0].➡
sorrowLikelihood=="VERY_LIKELY" || ➡
json_data.faceAnnotations[0].sorrowLikelihood=="LIKELY"){
                your_face_index = 1;
            }
            else if(json_data.faceAnnotations[0].➡
angerLikelihood=="VERY_LIKELY" || ➡
json_data.faceAnnotations[0].angerLikelihood=="LIKELY"){
                your_face_index = 2;
            }
            else if(json_data.faceAnnotations[0].➡
surpriseLikelihood=="VERY_LIKELY" || ➡
```

```
json_data.faceAnnotations[0].➡
surpriseLikelihood=="LIKELY"){
            your_face_index = 3;
        }
        else {
            your_face_index = 4;
        }
        document.getElementById("your_face_text").➡
textContent = your_face_array[your_face_index];
    }

    $(function(){
        $('#shutter').click(function(){
            setTimeout(function(){
                var timestamp = new Date().getTime();
                $('#rp_camera').attr('src',➡
$('#rp_camera').attr('src')+'?'+timestamp);
            },1000);
        });
    });
  </script>
</body>
</html>
```

　最後にアプリケーションの動作を検証する。まずはRaspberry PiとPCを同じルーターでネットワークに接続する。その状態でRaspberry Piのターミナルで以下コマンドを実行し、Raspberry PiのIPアドレスを調べる。

```
ifconfig
```

　Raspberry Piを有線でインターネットに接続している場合は「eth0」などで記述されている箇所のinet以降のアドレス、Wi-Fiで接続している場合は「wlan0」などで記述されている箇所のinet以降の箇所がアドレスとなる（図3.31）。

図3.31：ifconfigによるアドレスの確認

　Raspberry Piのターミナルでess_app.jsとindex.htmlを作成したファイルがある階層に移動し、下記コマンドを実行し、ess_app.jsを実行する。

```
sudo node ess_app.js
```

　これでNode.jsでess_app.jsが実行されている状態となる。
　Raspberry Piと同じルーターでネットワークに接続しているPCで先ほどifconfigで調べたアドレスおよび、ess_app.js内で指定したポート番号のページに任意のWebブラウザでアクセスする。例えばRaspberry Piのifconfigでアドレスが「192.168.11.16」だった場合はPCから（ URL http://192.168.11.16:1337）にアクセスする（図3.32）。

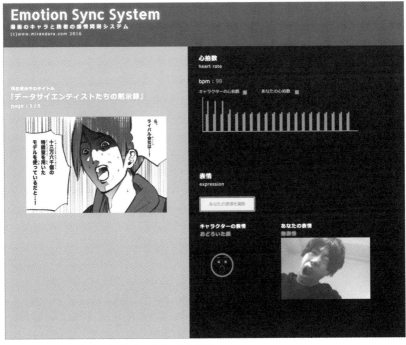

図3.32：PCのWebブラウザからアクセスした画面

　心拍センサの値の計測は親指と人差し指でセンサをつかむことで行われる。Raspberry Piのカメラモジュールは自分の顔が正しく撮影できるよう、適宜PCあるいはスタンドなどに挟んで位置を固定しておく。

　Google Cloud Visionによる顔認識は非常に高精度であり、目、鼻、口などの位置を正確に特定できる。一方、"笑っている"、"悲しんでいる"などの表情判定はおそらくグローバルな人物画像をもとにアノテーション・学習しているように思われ、日本人の感覚としては相当オーバーな表情をしないと判定されないだろう（無表情と判定されることが多い）。かといって無闇矢鱈にオーバーな表情をしても心情がつかみづらい表情はもちろん判定されない。読者の表現力が試される。

　検証が終わったら［Ctrl］+［C］キーでNode.jsを停止しておく。

今後の課題・発展

　本稿では心拍センサとカメラモジュールからの表情を用いたが、ほかにも感情同期の要素として様々な生体センサの活用が想定される。例えば脳波計によるα（アルファ）波の測定、呼吸系やまばたき検知による緊張度などを組み合わせても面白いかもしれない。また本稿は主人公の感情に同期することを想定したが、様々な登場人物に切り替えることで多面的なストーリーの理解につながる可能性がある。その際、1人の読者ではなく、同時に複数の読者がシステムに接続し、各人が担当の登場人物の感情と同期しない限りストーリーが進行しないというシステムにすると、また新しい読書体験が創出されそうだ。

CHAPTER 4

在宅ワークの孤独に対抗して
プロジェクションマッピングで
"バーチャル職場" を作り出す

人は場所を変えることでモードを変える。例えば職場に行くことで仕事のモードになり、カフェや自然溢れる公園に行くことでリラックスするモードになる、居酒屋に行くことで開放的なモードになるなどである。

ところが在宅で過ごすことの多い昨今では自宅にいながら多くのモードに切り替えることが求められる。

また場所から場所に移動する際には徐々にその場所のモードにフェードインする、フェードアウトする、ということが合ったように思う。通勤中の電車の中で徐々に仕事モードになる、飲み会の帰り道で名残惜しみながら別れの挨拶をするなどである。一方で良くも悪くもオンラインミーティングやオンライン飲みはモードの切り替えが瞬時で余韻がない。

本章は在宅をハックする話であり、
それはモードの余韻を探求する話でもある。

4.1 本章で紹介する内容について

本章で紹介する内容の初出について

- 2020年、ITmedia NEWSにて掲載
  （ URL https://www.itmedia.co.jp/news/articles/2005/12/news004.
  html）

本章の実行環境とデータについて

- 3Dモデリング/アニメーション：Blender (2.81a)
- プロジェクションマッピング：GrandVJ
- 脳波計測：muse
- 本稿のデータ
  （ URL https://github.com/mirandora/ds_book/tree/main/4_1）

4.2 在宅ワークの孤独に対抗してプロジェクションマッピングで "バーチャル職場"を作り出す

1人暮らしの家にも人の気配が欲しい

新型コロナウイルス感染拡大に伴って在宅ワークが増えた昨今、仕事自体はリモートでこなすことができても、人とのコミュニケーション不足に悩む人も多いだろう。作業自体は在宅のほうがむしろはかどり、会議ではプレゼン資料や話者が近くで見え、仕事効率は一見よくなったかのように思える。

一方、同僚との雑談や人とのすれ違い、職場でのざわめきがなくなった分、寂しさのあまり、レスのない「LINE」や「Facebook」のチャット画面を何度も眺める無駄な時間が増えるという問題もある。そこで、プロジェクションマッピングと同僚の3Dモデルを駆使して、自宅でも職場のような雰囲気や同僚がそばを歩く様子を再現すればよいことに気づいた（図4.1）。

図4.1：プロジェクションマッピングと同僚の3Dモデルを駆使して自宅に職場の雰囲気を再現

私の在宅ワーク環境は以下のような様子となる（図4.2）。目の前はただの

白い壁であり、もちろん人がそばを通り過ぎる気配もなければ、話しかけられることもない。あるのは、備品と食料を買ったことで増えた置き場のない段ボールの山だけである。このデスク前の白い壁と段ボールに、職場の様子をプロジェクションマッピングしていく（図4.2）。

図4.2：私の在宅ワーク環境

職場を構成する要素を収集していく

まず職場の背景だが、写真を持ち合わせておらず機密性も高いため、フリー素材サイト「写真AC」の画像を活用した（図4.3）。

図4.3：職場のイメージ写真
出典 フリー素材サイト「写真AC」
URL https://www.photo-ac.com/

また、出先表やホワイトボードなど職場風景を構成する要素を自前で作成した（図4.4、図4.5。内容は架空の適当なものである）。

出先表

氏名	訪問先	帰社時間
中村	渋谷R社	14:00-15:00
篠田	ITmedia	NR
上野		
佐藤	六本木	17:00
松原	?	?
村上		
大島	横浜→日比谷	16:00
金井		
遠藤	第1会議室	15:00
伊藤		

図4.4：出先表素材
（あくまで仮のイメージとして筆者作成）

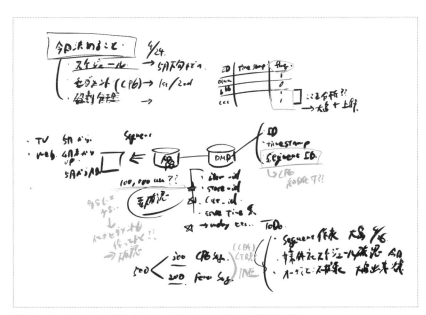

図4.5：ホワイトボード素材（あくまで仮のイメージとして筆者作成）

　これらを使い、先ほどの私のデスク前の壁と段ボールに対してプロジェクションの位置合わせをしていく（図4.6）。

図4.6：自宅のデスク前の壁と段ボールに職場素材をプロジェクションマッピング

ストレージを圧迫するだけの何故保持しているかわからない同僚の3Dモデルが役に立つときが来た

　思ったよりも臨場感が出てきた。出先表やホワイトボードの内容は架空のものではなく、本当の同僚の予定やオンライン会議での共同メモを投影すれば実用的かもしれない。ただ、これだけでは無人のオフィス感が出るのでむしろ孤独感が増す。そこで、さらにここに同僚が行き来する様子も重ねてプロジェクションマッピングする。幸い、私は同僚の3Dモデルデータを所持しているので、これを活用することにしよう（図4.7）。

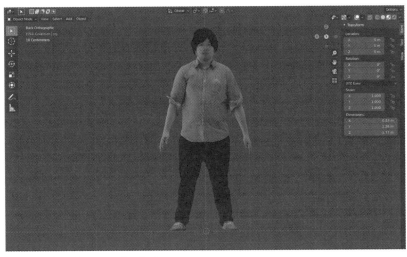

図4.7：会社の同僚の3Dモデルデータ

　この同僚の3Dモデルに、適当にオフィスを徘徊するようなループアニメーションを付け加え（図4.8）、背景透過動画として書き出す。

図4.8：同僚の3Dモデルに徘徊するアニメーションを付与

　1人では味気ないので、もう少し加えたいところだ。幸い、私は上司の3Dモデルデータも所持しているため、これも活用することにする（図4.9）。

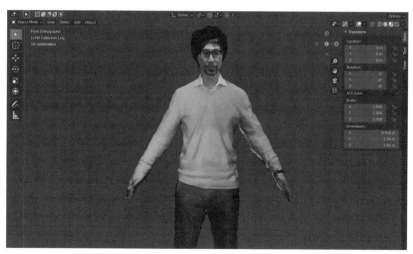

図4.9：上司の3Dモデルデータ

　ここまでの素材の位置をそれぞれ個別に合わせた上でプロジェクション
マッピングした様子が図4.10である。

図4.10：最終的に完成したプロジェクションマッピング

　画像では十分に伝わりきらないかもしれないが、一気に臨場感が増した。
ふと目が合うたびに思わず声が出そうになる。

集中とリラックスを脳波で検証

　ここからは、今回構築した環境が私にもたらした効果を検証した結果を紹介する。幸い、私は簡易脳波計を所持しているため、これを活用した。検証では、「プロジェクションマッピングなし」「プロジェクションマッピングあり」「ありの場合、同僚の人数を0人から、1人、2人と追加で投影したとき」のそれぞれの場合で脳波がどのように変化するかを計測した。計測は、「何もしないとき（休憩時を想定）」、「簡単な入力作業（就業時を想定。今回は各試行において条件を揃えるため、任意のニュース記事をそのままタイピングする作業）を行っているとき」の2パターンで行った。脳波は、各パターンにおいて1分間の計測を3回行ったものの平均を使用し、連続した値や外れ値を除外した上で集計した。脳波の分析においては、β / α値がリラックス（緊張）度合いの目安（値が低いほうがリラックスしている）となることが報告されている[1][2]。そこで、今回の検証でもβ / α値を用いることにした。

　脳波計測結果は表4.1となる。

表4.1：各状況における脳波計測結果

	人物投影	動作	β / α平均	β / α分散
プロジェクション投影なし	0人	なし	0.81	0.66
		タイピング	0.84	1.15
プロジェクション投影あり	0人	なし	0.74	0.62
		タイピング	1.31	1.22
	1人	なし	1.42	0.95
		タイピング	1.18	1.64
	2人	なし	1.18	1.57
		タイピング	1.28	1.93

※1　『簡易脳波計による学習時の思考と記憶の比較分析』（平井章康、吉田幸二、宮地功［著］、DICOMO2013、2013）

※2　『携帯型脳波計を用いた観光客の印象検出システムの開発』（大久保友幸、山丸航平、越水重臣［著］、日本感性工学会論文誌、2018）

まず、動作なしのときの結果を比較してみる（図4.11、図4.12）。興味深いことに、「プロジェクションなし」よりも、「プロジェクションあり（人物0人）」のほうが、わずかながら β/α 平均、β/α 分散ともに低く、リラックスできていることがわかった。何もない白い壁だけを前にすると、孤独感や不安感があおられるとともに、机の書籍や段ボールの文字などに視線が移ってしまいがちなのかもしれない。それならば静止画でもいいので何か投影するとよいのだろう。

　動きを伴う人物を投影する場合は、1人よりも2人のほうが、β/α 平均は低かった点にも注目したい。1人の動きだけの単調なループよりは、2人の動

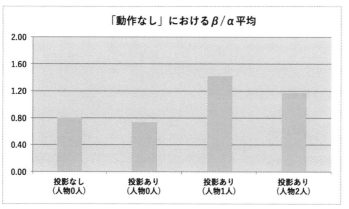

図4.11：「動作なし」における β/α 平均

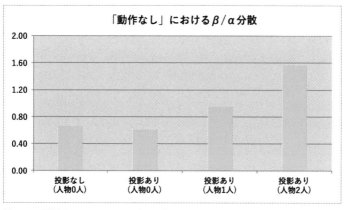

図4.12：「動作なし」における β/α 分散

きによって多少複雑性があったほうがストレスは少ないのかもしれない。なお、β/α 値の分散は、人物2人を投影した際に大きく増加しており、脳が活性化していることがわかった。ゆっくり落ち着きたい休憩時は人物なし、気分転換したいときは人物を2人投影するなど使い分けるとよさそうだ。

　作業時はどうだろうか。プロジェクションマッピング時は、β/α 値の平均、分散ともに大きく、特に人物投影時に脳が活性化されていた。ただし、その分、気が散っている可能性が高い点に気を付けたい。プロジェクションをする場合、人物なしよりも、1人投影した場合のほうがわずかながらリラックスできているようだ（図4.13、図4.14）。

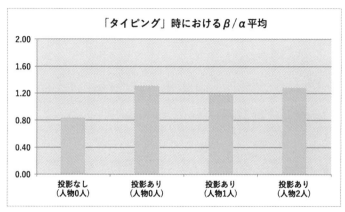

図4.13：「タイピング」時における β/α 平均

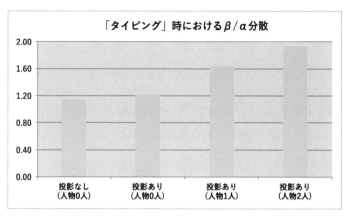

図4.14：「タイピング」時における β/α 分散

　ここではあくまで簡易脳波計を使った分析であることに留意したい。私自身、脳波を用いたプロジェクトに関わったことはあるが専門家ではない。詳細は、より測定精度の高い脳波計を用いて専門家の立ち会いのもと計測・分析する必要があるだろう。

　ここで構築した環境は、プロジェクションマッピングによるものであるため、容易に雰囲気を変えられる。例えば、食堂カフェのような場所に置き換えた場合、図4.15のようになる。

図4.15：食堂カフェ風の背景に変更したプロジェクションマッピング
（背景素材：「写真AC」より引用。手前のメニューボード素材は筆者作成）

　近頃は「オンライン飲み」が盛んだが、この環境はオンライン飲みでも大きな効力を発揮する。居酒屋風の素材を配置すると図4.16のようになる。

図4.16：居酒屋風の背景に変更したプロジェクションマッピング
　　　　（背景素材：「写真AC」より引用。メニューボード素材は筆者作成）

　いかがだろうか。本稿執筆時点で三密を避けるべき状況はまだ当面続くと思われるが、最大限、在宅ワークを楽しむことを心掛けたい。

4.3 解説・今後の課題

3Dモデルデータの取得

近年、3Dモデルデータの取得は気軽かつ安価に行うことができる。特別な環境・施設に行かなくとも個人でハンディ型の3Dスキャナを用いることで任意の環境で対象のスキャンを行うことが可能だ。人物をスキャンする場合は、自分で自身をスキャンすることは困難であり、もし人をスキャンする場合はスキャンを行う人、スキャンの対象がそれぞれ必要である。3Dスキャナは購入することも可能だが、本稿執筆時点（2021年1月）において「DMMいろいろレンタル」（ URL https://www.dmm.com/rental/iroiro/）などのサービスで4000円ほどでレンタルできる。各ツールの使い方はレンタルサービスの該当商品ページに記載されている（図4.17）。

図4.17：「DMMいろいろレンタル」における3Dハンドスキャナのレンタル

また、近年、スマホやタブレットで3Dスキャンを行うことができる有償・無償アプリが公開されている。各アプリごとに求められるスマホ・タブレットのバージョンなどの要件があるため、もし利用検討する場合は所有する端末が該当アプリを利用可能か確認しておきたい（2021年1月執筆時点では最新のデバイスが必要となる）。

3Dスキャンを行うと通常、objファイル（3Dモデル形状データ）、mtlファイル（マテリアル情報データ）、jpgファイル（マテリアルの画像デー

タ）の3種類のファイルが入手できる。以降、会社の同僚の3Dモデルを用い
て説明するが、GitHubで配布するサンプルデータは私が作成したダミーの
人物モデルとなる（図4.18）。

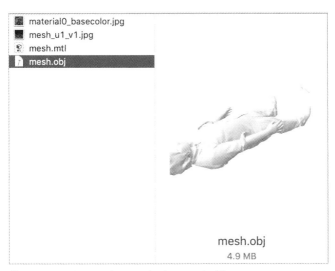

図4.18：3Dスキャンによって入手できるファイル例
　　　　（本稿で用いた筆者の会社の同僚の3Dモデルデータ）

Blenderへの3Dモデルデータのインポート

　3Dモデルデータの確認・修正、アニメーション付けなどにおいては任意
の3Dソフトを利用することになる。本稿では無償で利用可能な3Dソフト
「Blender」（URL https://www.blender.org/）を用いて説明する（図4.19）。
もしダウンロードしていない場合は、Blender公式ページのトップから
「Download Blender（アクセス時点のバージョン名）」ボタンをクリックす
ることで、アクセスした環境に応じて自動判別された最新版をダウンロード
することができる（トップの「Download」メニューからも同様にダウン
ロードボタンが表示される）。Blenderの基本操作については適宜必要に応
じて解説書やウェブ上の記事・動画を参照されたい。Blenderはバージョン
によってインターフェースが大きく異なるため、該当の解説が最新のUIの
ものになっているかを確認しておきたい。

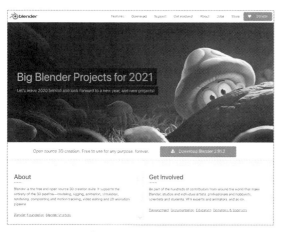

図4.19：3Dソフト「Blender」

　Blenderのダウンロード、インストールが完了したら、3Dスキャンした
ファイルをインポートする。Blenderを立ち上げ、「File」（図4.20❶）→
「Import」❷→「Wavefront(.obj)」を選択❸し、ファイル読み込みで、3D
スキャンした.objファイルを選択する。

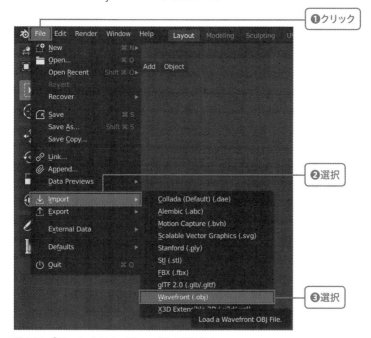

図4.20：「Blender」での.objファイルの読み込み

　通常、マテリアルも自動で適用されているが、デフォルトの設定だとマテリアルがプレビューされていない。右上のメニューにおける「Viewport Preview」を選択する4つのアイコンの中の、右から2つ目の「Material Preview」を選択することでマテリアルが適用されたオブジェクトが表示される（GitHubのサンプルデータはMaterial情報がないため表示に変更はない）（図4.21）。

図4.21：viewportの変更

　スキャンした環境によって、インポートした3Dモデルオブジェクトが Blender上において特定軸方向に傾いている場合がある。そのため適宜回転しておく。オブジェクトを選択した状態で、Blenderの任意の画面上で、「r」(rotate)→「x」(あるいはyあるいはz。回転軸を選択)→「90」(回転したい角度) などと入力することでオブジェクトを回転させることができる。

3D モデルへの rigging

　Blender上でオブジェクトにアニメーションを付与するには「rigging」と呼ばれる骨格の適用が必要となる。これは3Dモデルデータのうち、どこのパーツが頭・首・腕・腰・足などで、どこに関節があり、どのように動かすことができるかを設定する工程となる（図4.22）。ただriggingは微調整など含め非常に手間のかかる作業であり本書の内容を越えるため、興味のある方は適宜Blender関連の書籍や解説ページを参照されたい。もし特定パーツ（腕や足など）を動かす必要がなく単純にオブジェクトを左右に動かすだけでよい場合はriggingは不要となる。本稿SECTION4.2ではriggingしたモデルに各パーツのアニメーション付けを行っているが、以降の解説は単純に左右にオブジェクトを動かす場合を記載する。

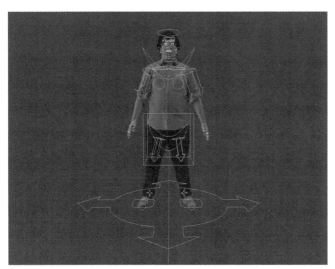

図4.22：会社の同僚の3Dモデルにrigging（骨格、モーション範囲設定）をした状態

Blenderでの3Dモデルの微調整

　読み込んだ3Dモデルにスキャンミスによるノイズが含まれている場合がある。その場合、まず［Tab］キーで、「edit mode」に切り替える（図4.23）。

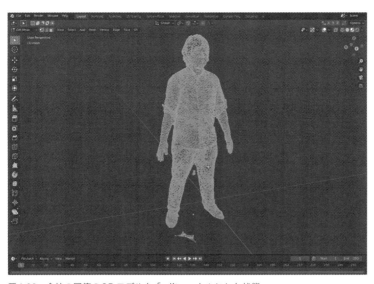

図4.23：会社の同僚の3Dモデルを「edit mode」にした状態

　該当のノイズを選択し、[X] キーを押し、「Delete」から「Vertices」を選択する（図4.24）。

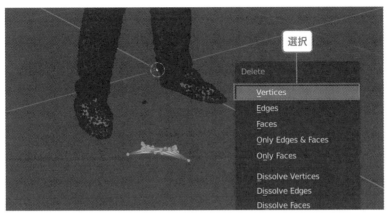

図4.24：ノイズを選択し、[X] キーを押し、「Delete」から「Vertices」を選択

　配置した3Dモデルは原点から位置がずれている場合がある。この後にモデルを移動するときに、初期値が原点に揃っているほうがのぞましいため、調整しておく（図4.25）。

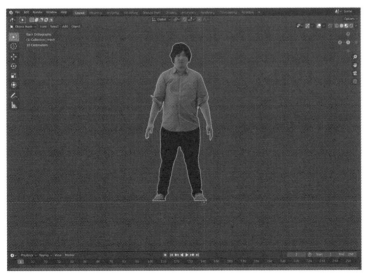

図4.25：3Dモデルが原点からずれている状態

まずは画面左のツールの上から3つ目の「Move」を選択する（図4.26）。なおツールバーが表示されていない場合、［T］キーを押すとツールバーが表示される。

オブジェクトにx/y/z軸に対応したカーソルが表示されるため、それぞれのカーソルをドラッグしてオブジェクトを原点に合うように移動させる。オブジェクトの原点への位置調整は厳密でなくてもおおよその位置で問題ない。オブジェクトを原点に合わせた後も3Dカーソル自体は、原点からずれている（図4.27）。そのため次に3Dカーソルを原点に合わせる。

図4.26：ツールバーから「Move」を選択

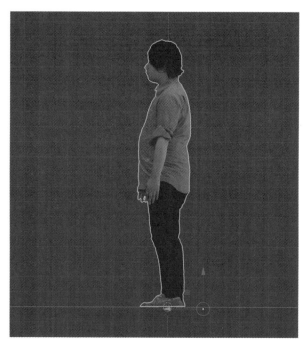

図4.27：オブジェクトを原点に合わせた状態（3Dカーソルは原点からずれている）

「Object」（図4.28❶）→「Set Origin」❷→「Origin to 3D Cursor」❸
とすることで3Dカーソルを原点に合わせることができる（図4.29）。

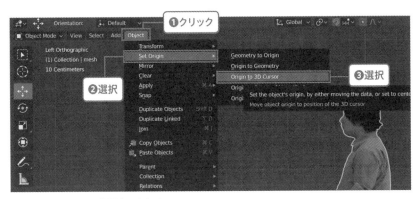

図4.28：3Dカーソルを原点に合わせる

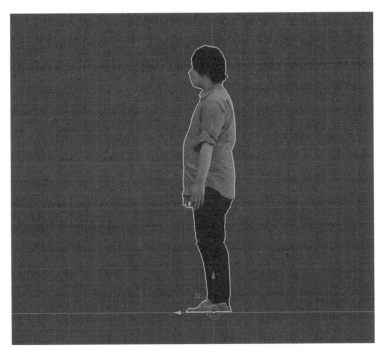

図4.29：3Dカーソルを原点に合わせた状態

Blenderでのアニメーション設定

　ここからは読み込んだ3Dモデルにアニメーションを付ける。画面上部の「Animation」をクリックし、アニメーションは画面下部のシートで行う。画面の大きさに合わせて必要に応じてウィンドウの上を引っ張ってウィンドウの大きさを調整しておく。本稿SECTION4.2では腕や首や腰など様々なアニメーション付けを行ったが、ここではオブジェクト全体のみを動かす解説を行う（図4.30）。

図4.30：画面下部のアニメーションフレームシート

　まず、初期値の状態を記録するために、新たにキーフレームを設定する。画面下のアニメーションシートでフレームが「1」になっている状態にして、「Auto Keying」をクリックする（図4.31）。以降、オブジェクトを動かすと、その時点のフレームに、動かした状態が記録される。

図4.31：キーフレームの記録（図4.30の中央部の拡大）

　例えばアニメーションシートのカーソルを20フレームまで動かした上で、オブジェクトの3Dカーソルを引っ張って少し左に動かしてみる。すると20フレーム時点で左に移動するアニメーションとなる（図4.32）。

　以降、同様にフレームを移動、その時点のオブジェクトの動きを記録する作業を繰り返す（図4.33）。

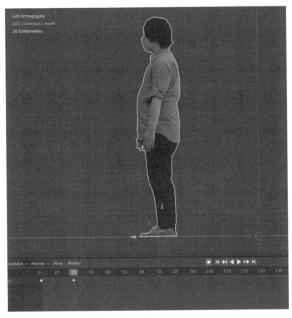

図4.32：20フレーム時点での動きを記録

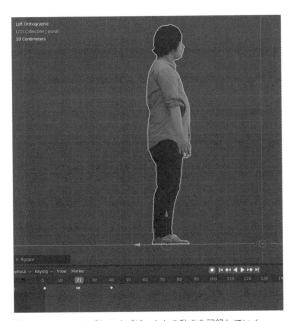

図4.33：フレームごとのオブジェクトの動きを記録していく

　もし誤った動きを記録してしまった場合や、キーフレームを間違えて増やしてしまった場合は、該当のキーフレームを選択した上で [X] キーを押して「Delete」から「Delete Keyframes」を選択すれば、削除できる（図4.34）。

図4.34：キーフレームの削除

　アニメーションの最後の位置を最初のフレームと揃えることでループアニメーションになるようにする（図4.35）。

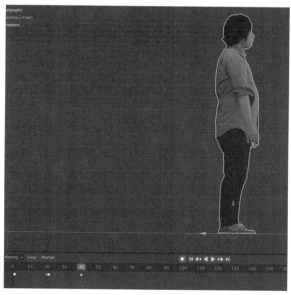

図4.35：最終フレームを最初のフレームと同じ位置にする

Blenderのカメラ位置の調整

　最終的に書き出したい動画のアングルに応じてカメラの位置を調整する。本稿では真横からのアニメーションを書き出してプロジェクションマッピングしたいため、カメラ位置を変更する。まず上部の「Animation」をクリックして（図4.36❶）、現状のカメラ位置とそのカメラ位置からの撮影アングルを画面左のウィンドウで確認しておく❷。

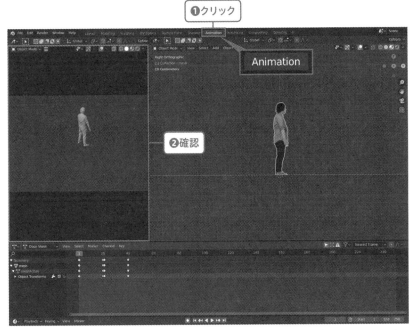

図4.36：「Animation」レイアウトでのカメラ位置および現状のカメラアングルでの撮影結果プレビュー

　次に画面右のオブジェクト一覧から「Camera」を選択するか、メインウィンドウ上で、カメラをクリックすることでカメラを選択状態にする（図4.37）。

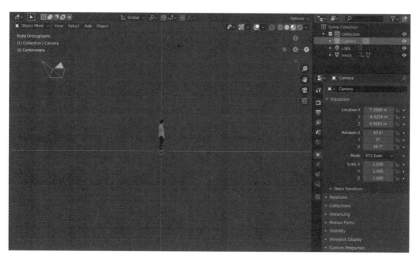

図4.37：カメラを選択状態にする

　次にオブジェクトを移動したときと同様に、ツールバーで上から3つ目の「Move」を選択する。もしツールバーが表示されていない場合は［T］キーを押すことでツールバーが表示される（図4.38）。

　オブジェクトを移動したときと同様、3Dカーソルを用いて撮影したいアングルにカメラを移動させる。カメラの位置ではなく向きを変更したいときは、カメラを選択した状態で［R］キー→［X］キー（あるいは［Y］キーあるいは［Z］キー）を押すことでx/y/z軸を中心としてカメラを回転することがで

図4.38：カメラを選択した状態でツールバーから「Move」を選択

きるため、プレビュー画面を参照しながら求めるアウトプットに合わせて角度を調整する。なおオブジェクトやカメラの移動の際は、必要に応じて画面右上の、「x/y/z軸」をクリックすると、真上や真横、真正面からのアングルで編集できる（図4.39、図4.40）。

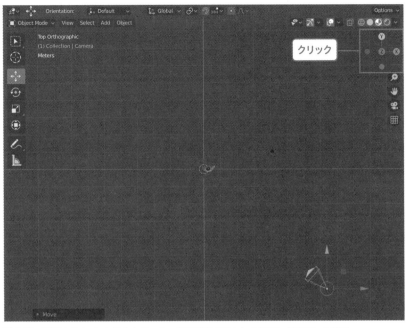

図4.39：画面右上のx/y/z軸をクリック。編集画面を真上からのアングルにした状態

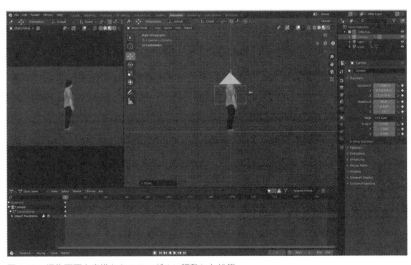

図4.40：編集画面を真横からのアングルに調整した状態

Blenderでの
背景透過動画の
書き出し

　最後に設定したアニメーションを背景透過動画として書き出す。まず画面右下のウィンドウにおいて上から2つ目の「Render Properties」アイコンを選択する。各種設定の中程にある「Film」の中の「Transparent」にチェックを入れる（図4.41）。

　次に上から3つ目の「Output Properties」を選択する。「Dimensions」の項目で、解像度や開始フレーム、終了フレーム、フレームレートを選択できる。ここで終了フレームをアニメーションを設定した最後のフレームにしておく（図4.42）。

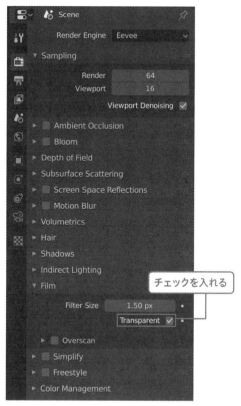

図4.41：「Render Properties」から「Transparent」にチェックを入れる

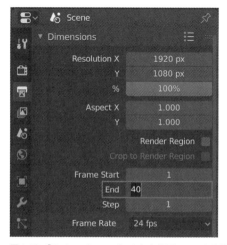

図4.42：「Output Properties」から終了フレームを設定

「Output Properties」の画面をスクロールしていき、「Output」の項目から、まずフォルダアイコンをクリックして動画を書き出す場所を選択する（図4.43❶）。次に「File Format」を「FFmpeg video」にし❷、「Video」の項目の中の「Video Codec」を「PNG」❸、「File Format」中の「Color」を「RGBA」にする❹。最後に「Encoding」の中の「Container」を「Quick time」にする❺。

以上の設定を終えたら、画面上（図4.44)の「Render」❶から「Render Animation」を選択する❷ことで動画が書き出される（図4.45）。

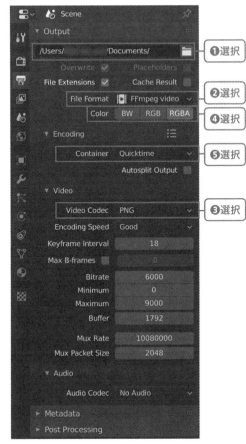

図4.43：「Output Properties」から書き出し動画の
コーデックを設定

図4.44：「Render」から「Render Animation」を選択

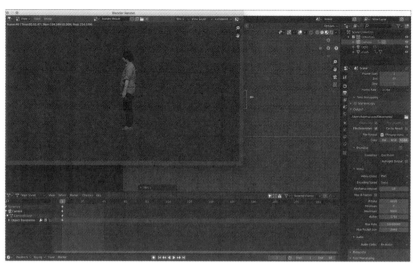

図4.45：新規ウィンドウが立ち上がりレンダリングプレビューが表示

GrandVJ / VideoMapperでの
プロジェクションマッピング

　プロジェクションマッピングを行うためにはプロジェクターとプロジェクションマッピングソフトが必要となる。本稿においてプロジェクターはEPSONのEH-TW410を用いた（図4.46）。以降の内容は他の家庭用プロジェクターでも特に問題ない。

図4.46：家庭用プロジェクター（EPSON EH-TW410）

　プロジェクションマッピングは各種ツールがあるが、デモ版が無料で利用できる「GrandVJ」および「VideoMapper」を用いた方法を紹介する。なおデモ版はファイルの保存ができず、プロジェクション画面に時々DEMO表示がされるなどの制約がある。GrandVJは映像の切り替えやエフェクト効果を付与するVJソフトとなる。一方、VideoMapperはGrandVJからの映像を対象物にあわせて投影するためのソフトとなる。なお詳細な機能の使い方は製品ページにPDFのマニュアルが公開されているほか、チュートリアル（ URL https://dirigent.jp/blog/vj-videomapper-0/）も用意されている。

　まずはじめに公式サイトの製品ページ（ URL https://dirigent.jp/arkaos/grandvj-2-xt/）からソフトをダウンロードする（図4.47）。URLから画面をスクロールすると中程に製品チュートリアルやデモ版のダウンロードが用意されている（デモ版公開は本書執筆時点2021年1月時点において）。

図4.47：GrandVJ 2 XT（GrandVJとVideoMapperがセットになっている）

環境に合わせてWindows版かMac版のいずれかをダウンロードし、インストールする（図4.48）。

図4.48：GrandVJ 2 XTのデモ版ダウンロード

まずはGrandVJを立ち上げる。ソフトを立ち上げると、いくつか選択肢が出るため、一番下の「Try GrandVJ XT」を選択する（図4.49）。

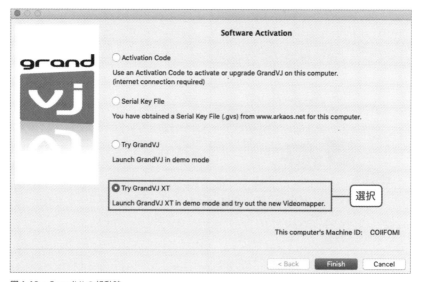

図4.49：GrandVJの起動時

起動時に「New」をクリックして新規画面を立ち上げたら、画面上部のメニューから「View」→「Mixer Mode」を選択する（図4.50❶❷）。

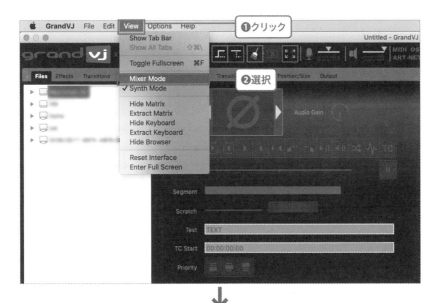

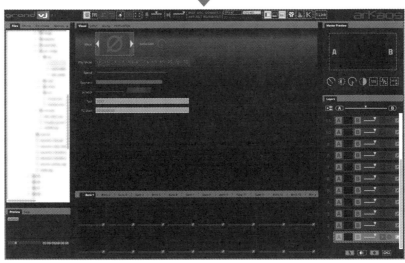

図4.50：GranVJを立ち上げ「View」メニューから「Mixer Mode」を選択

次に画面左側の「Files」から先ほどの背景透過の動画ファイルや別途背景静止画像を用意し、画面中央下の「Bank」にドラッグ＆ドロップする（図4.51）。

図4.51：静止画像・動画ファイルを画面中央下のBankにドラッグ＆ドロップ

Bankに素材を格納したら、任意の素材を選択した状態で（図4.52❶）画面右の「Layers」から一番下のレイヤーをクリックする❷。するとその素材

図4.52：レイヤーにBankの素材を割り当てた状態

がレイヤー1に割り当てられる。次にBankで別の素材を選択し、今度はレイヤー2をクリックするとその素材がレイヤー2に割り当てられる。基本的にレイヤー順に下から上に素材が重ね合わされて映像が合成されるため、上に表示したい素材は上のレイヤーに割り当てる。以降、追加の素材があれば同様にBankに格納、レイヤーに割り当てを行う。GrandVJには多種多様なエフェクトの設定などがあるが本稿ではエフェクトは用いないため、以上でGrandVJの設定は完了となる。

　次にVideoMapperでGrandVJで設定したレイヤーを投影する。まずは、GrandVJの設定を確認する。画面上部のメニューから「GrandVJ」→「Preferences」をクリックし、各種設定画面を出す。「Display」の項目で「VideoMapper mode」になっていることを確認して閉じる（図4.53❶～❸）。もし「VideoMapper mode」になっていない場合、変更しソフトを再起動する。

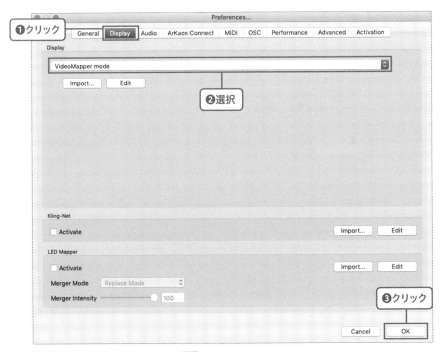

図4.53：GrandVJのPreferencesの画面

　プロジェクターとPCを接続したら、画面上部の「Open Video Mapper」のアイコンをクリックし、Video Mapperを起動する（図4.54）。

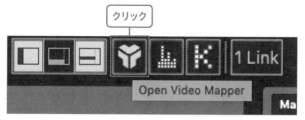

図4.54：「Open Video Mapper」の起動ボタン

　Video Mapperを立ち上げた状態で画面左にPCにつないだプロジェクターが認識されていることを確認する。該当のプロジェクターの右のボタンをクリックすることで新たに「Surface」という投影面を追加できる（図4.55）。

図4.55：VideoMapperの起動時の画面

Surfaceを追加するとGrandVJで先ほどレイヤーに割り当てた素材が表示される（図4.56）。

図4.56：VideoMapperでSurfaceを追加した状態

この状態で一度画面上のメニューから「Output」→「Go Fullscreen」を選択して投影状況を確認する（図4.57❶❷❸）。

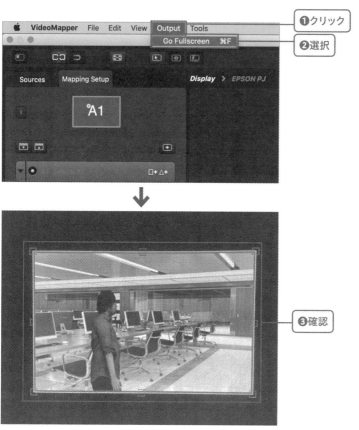

図4.57：メニューから「Output」→「Go Fullscreen」を選択してVideoMapperから対象物に映像を投影した状態を確認

初期状態では映像が対象物の大きさ・形状などに合っていないため、対象物に合わせて調整する。VideoMapperの画面右の「Edit Grid」をクリックすることで映像の各頂点を移動できる。投影状況を見ながら映像の大きさ・形状を調整する（図4.58）。

図4.58：対象物に合わせて映像の大きさ・形状を調整

　なお、ここまではGrandVJでレイヤーに割り当てた映像素材をすべて重ねたものを表示していた。しかし、Surfaceごとに異なる映像を複数表示したい場合も想定される。本稿では段ボールごとに4つのSurfaceを設定しそれぞれ異なる映像を割り当てた。Surfaceごとに映像を切り替えるには、GrandVJで画面右のレイヤーパネル上部のボタンをクリックする（図4.59）。

図4.59：レイヤーパネルの左上ボタン（「A」の左のアイコン）をクリック

　すると、各レイヤーの表示先Surfaceを編集できるようになるので、「All Output」から任意の割り当てたいSurfaceに変更する（図4.60）。

図4.60：各レイヤーを任意のSurfaceに割り当て

今後の課題・発展

　本稿執筆時点での2021年1月現在において、外出制限による在宅時間の飛躍的増加に伴い、いかにして自宅環境を過ごしやすくアップデートするかは大きな課題となる。本稿で述べた職場環境やカフェ、居酒屋のマッピングのほか、外出・旅行が制限されている状況を鑑みて国内外のホテルから見える景色や観光地を投影することも気分転換になりそうだ。また特定の親しい友人の部屋や実家の様子を再現するのも落ち着くかもしれない。その他、特定のコンテンツが好きな場合は、ゲームや漫画の好きなシーンを現実の時間と連動して日の傾きや景色が変わる様子を構築しプロジェクションすることも考えられる。本稿ではプロジェクションマッピングによる映像での臨場感の醸成を図っているが、音を効果的に活用することでさらに現実感が高まるものと思われる。

PART 2
街の孤独に立ち向かう

私は自分の過去のコミュニケーションを反芻するほうだと思う。
特にうまく意見が言えなかったときに言うべきだった言葉や、
ネガティブなことを言われたときの反論をずっと考える。

心の中にコミュニケーションの記憶のセーブポイントがいくつかある。
自分のレベルが上がったなと思ったときに、
過去のセーブポイントを脳内再生し、
今ならどう対処するだろうかというシミュレーションをよくやる。

適切な挨拶ができなかったとき、
質問にうまく答えられなかったとき、
会話をつなぐことができなかったとき、
それらの瞬間は脳内にセーブされる。

そしてセーブポイントは家ではなく街中に多い。

CHAPTER 5

「休日に会社の同僚と遭遇しないための動き方」を物理シミュレーションとゲーマーの英知で解き明かす

私は休日に会社の同僚はじめ知人によく話しかけられる。
私自身はできるだけ人と目を合わせないように歩いていることもあり、
親とすれ違っても気づかない可能性すらある。
他の人は、なぜすれ違いという短い時間で知人と確信し、
話しかけるということができるのか不思議だ。

ずいぶん昔の話だが片側3車線ある六本木交差点で、
反対側の道路から同僚に話しかけられたことがあった。

なんと広範囲な索敵能力を持っているのかと。
FPSゲームをやったら無双できるのではないかと思う。

「何してるの!」

と大声で話しかけられ、

「1人で映画観てた!」

と大声で六本木の中心で返答していた人物は私だ。

5.1 本章で紹介する内容について

本章で紹介する内容の初出について

- 2019年、ITmedia NEWS にて掲載
  （ URL https://www.itmedia.co.jp/news/articles/1910/15/news021.
  html）

本章の実行環境とデータについて

- 3Dモデリング/アニメーション：Blender (2.81a)
- ゲーム制作：Unity (2019.3.13f1)
- 本稿のデータ
  （ URL https://github.com/mirandora/ds_book/tree/main/5_1）

5.2 「休日に会社の同僚と遭遇しないための動き方」を物理シミュレーションとゲーマーの英知で解き明かす

休日に会社の同僚に会うテンションは持ち合わせていない

　働き方改革が叫ばれて久しい昨今。健康的に毎日を過ごすためには休日にしっかりと英気を養うことが重要だろう。しかし休日の安らぎを脅かす大きな懸念がある。それは街中で会社の同僚と遭遇してしまうことだ。平日であれば気が張っているため、外出先で同僚に出会っても職場同様のコミュニケーションを取れることが多い。だが、休日は無理だ。ちなみに私の住む下北沢は、通勤の利便性に優れ同僚が比較的多く居住しているエリアである。そのような環境では、最寄りのコンビニやスーパーに行くときですら安心できない。そこで本稿では、会社の同僚と遭遇しないための街中における最適な動き方を、3D物理シミュレーションとゲーマーの英知を駆使して解き明かしていきたい（図5.1）。

図5.1：休日に会社の同僚に遭遇しないための最適な動きのシミュレーション

オープンデータおよび独自調査データを用いて
通行人数を推計

　まずはシミュレーションの環境構築に用いるデータを収集・整理していく。下北沢は、世田谷区が「区画ごとの居住人数」、小田急電鉄および京王電鉄が「各駅における1日の平均駅別乗降人数」を公開している。さらに独自で「下北沢の各エリアにおける曜日時間帯ごとの移動人数の変化」を調査した。以上のデータに基づいて、休日の下北沢のとある区画における時間帯ごとのおおよその移動人数を移動方向ごとに算出した。例えば、下北沢南口商店街における休日の時間帯ごとの通行人数（ここでは1分間のうちにある地点を通過する人数とした）は下記のように推計された（**図5.2**、本稿の初稿は2019年であり新型コロナ感染拡大以前であることに留意されたい）。上りは駅に向かう方向、下りは駅から南に向かう方向と定義している。

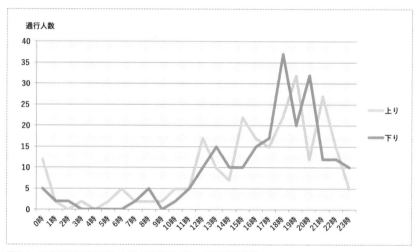

図5.2：下北沢南口商店街における時間帯ごとの推計通行人数

休日の私と下北沢と通行人

　続いて、「私」「下北沢の街」「通行人（会社の同僚含む）」を本稿用に独自に3Dソフトでモデリングした。まずは休日の私をモデリングする。メガネ・パーカー・ジャージ、下北沢で**図5.3**のような人物を見かけたら、それは私だ。

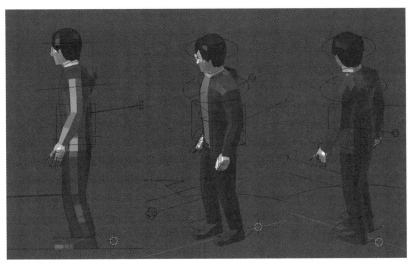

図5.3：私の3Dモデリング

　次に下北沢エリアの中で、特にシミュレーションを行う南口商店街付近を地図および現地観察から再現した（図5.4、図5.5）。

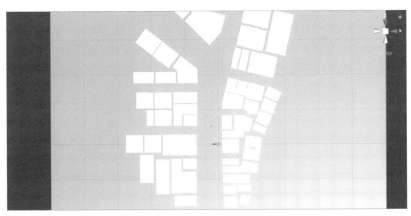

図5.4：下北沢南口商店街付近のモデリング（上面図）

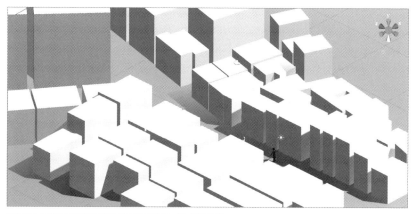

図5.5：下北沢南口商店街付近のモデリング（俯瞰図）

　通行人は匿名のモブキャラクターらしくシンプルなモデリングを用意し、ただの通行人は白色、同僚は赤色で表現した。以上の3Dモデルを用いて、先ほどの時間帯ごとの移動人数データを反映させ、3D物理シミュレーションを行う。

自宅周辺を散策するタスクをシミュレーション

　今回は「自宅から最寄りのコンビニに行くというシチュエーション」を想定する。コンビニに着くまでの経路で同僚に遭遇するリスクを時間帯ごとに算出し、最も外出に適したタイミングを導き出す。図5.6が実際のシミュレーションの様子である（動画は初出記事参照。 URL https://www.itmedia.co.jp/news/articles/1910/15/news021.html）。

　シミュレーション開始時は、周辺に同僚がいるかいないかそもそも誰が同僚かなどはわからない。私と同僚が特定の距離内に近付いた時点で同僚が赤く表示される。さらに近付くと同僚の目線が赤色で表示される。もし私と同僚の間に一定時間、障害物や通行人などがいなければ、同僚に気付かれ「遭遇」となる。遭遇せずに目的地にたどり着くか、遭遇した時点でシミュレーションは終了する。

図5.6：完成した下北沢での3D物理シミュレーション環境

　このシミュレーションを、先ほど計算した休日の各時間帯における通行人数に対してそれぞれ20回行い同僚との遭遇率を計測した。シミュレーションは実際に私が外出する時間帯である正午から午後10時の間で行った。さらに同僚の出現率を下北沢の総居住人数に対する同僚のおおよその居住人数の割合に係数を掛け合わせて算出した。その値を上記シミュレーションで割り出した各時間帯の遭遇率に掛け合わせ「同僚の出現率を加味した遭遇率」とした（表5.1、図5.7）。同僚と遭遇せずにコンビニにたどり着くという目的を達成できた割合を「達成率」とし、同僚と遭遇せずにコンビニに着くまでにかかった時間を「達成時間」と定義する。

表5.1：時間帯ごとの遭遇率・達成率・達成時間

	遭遇率	同僚の出現率を加味した遭遇率	達成率	達成時間（秒）
12時	95%	19.4%	80.6%	37.8
13時	80%	9.6%	90.4%	58.0
14時	95%	8.0%	92.0%	40.9
15時	90%	23.8%	76.2%	62.9
16時	95%	19.4%	80.6%	52.6
17時	70%	12.6%	87.4%	52.0
18時	95%	25.1%	74.9%	64.4
19時	80%	30.7%	69.3%	51.4
20時	80%	11.5%	88.5%	73.0
21時	80%	25.9%	74.1%	38.9
22時	90%	16.2%	83.8%	50.8

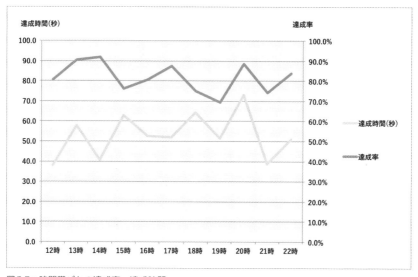

図5.7：時間帯ごとの達成率・達成時間

　どうやら14時台に外出すると最も達成率が高い、つまり同僚との遭遇を避けられるようだ。ただし15時台になると達成率は急激に下がるため、もし14時台を逃した場合、外出は17時台まで控えたほうがよさそうだ。しかし14時台であっても上記の表を見ると同僚の出現率の低さによって達成率が

見かけ上、高く見えているだけで、実際に同僚が出現したときに遭遇してしまう確率は95%と非常に高い。そこで14時台の状況において、同僚が出現した場合でも遭遇する確率をなるべく低くし、かつ短時間で目的地までたどり着く動き方を導き出すことを目指す。

凄腕ゲーマーたちによる同僚回避の攻略法

先ほどの表5.1の通り、シミュレーション環境における単純な自動モード（基本は最短でゴールを目指す。同僚含め通行人が近付くと左右に避ける）では、同僚が出現したときの達成率は5%、達成したときの平均達成時間は40.9秒だった。この数値をベンチマークとし、本シミュレーション環境にキーボードで操作可能なゲームモードを搭載し、知り合いの複数のゲーマーに依頼してゲームとして攻略してもらうことにした。つまり、ゲーマーの英知によって現実問題に対する最適なアプローチを導き出してもらうのだ。

協力してくれたゲーマーの客観的な評価は難しいが、「スプラトゥーン2」では最上位のランクである「ウデマエX」の実力を持ち、状況観察およびキャラクターコントロールに長けている人たちとなる。3人のゲーマーたちそれぞれに自動モードと同様に、最大20回までのチャレンジを許容し、ゲームモードをプレイしてもらった。その結果が表5.2となる。

表5.2：ベンチマークおよび各ゲーマーの達成率・達成時間

	社員が出現したときの達成率	平均達成時間（秒）	最短達成時間（秒）
ベンチマーク	5.0%	40.9	40.9
プレイヤー1	37.1%	31.8	27.1
プレイヤー2	23.5%	30.9	28.7
プレイヤー3	58.8%	42.3	31.9

各ゲーマーともベンチマークである自動モードを上回る達成率だ。ゲーマーたちの手にかかれば、たとえ会社の同僚が出現しても遭遇を避けて目的地にたどり着けるようだ。それぞれのプレイヤーのリプレイから、具体的に同僚との遭遇を避けるためのメソッドを見ていく。

ダックステップ法

　まずはプレイヤー1。彼は、常に同僚の視線を遮る状況を保ちつつ前進する方法を模索することで達成率を向上させた。そのための戦術が「ダックステップ法」だ（図5.8）。

　まずゲーム開始時に周囲の状況を確認する。対面の通行人が少なく、かつ同じ方向に歩く人を見つけたら、後はその人の少し後ろにぴたりとくっつく。その通行人を壁にして同僚の視線を防ぎつつ最短でゴールに向かう。親のすぐ後を追いかけるアヒル（ダック）に見えることからダックステップ法と名付けた。本シミュレーションでは通行人同士が対面すると道を譲り合う仕様にしている。そのため、対面に通行人が多い場合は時間をロスし、同僚との遭遇率が高まってしまう。開始時の状況から対面人数が少なそうな通行人（親アヒル）を選ぶこの手法は、シンプルだが効果は大きい。

図5.8：通行人を壁にする、ダックステップ法

　ただし、シミュレーション環境では通行人の歩行速度にばらつきを持たせている。もし歩行速度が私（の3Dモデル）より速い通行人の後をダックステップしようとした場合、途中で通行人に置いていかれてしまい不意に視線を遮る壁がなくなる。そのため同僚に見つかってしまうリスクはむしろ高まる（図5.9）。

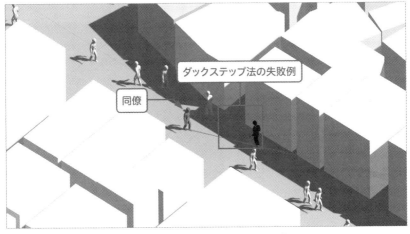

図5.9：ダックステップ法が失敗する例（通行人に引き離された場合）

さざ波歩行法

　次に、プレイヤー2。彼女はゲームをハックすることに長けている。私の歩行速度は一定であるが、これをさらに速くするにはどうすればよいかと考え、「さざ波歩行法」を生み出した（図5.10）。これは私の後ろに私より足の速い通行人がくるように移動することで通行人に体を押してもらい、通常よりも速く移動するというものだ。現実空間で解釈すると、速く歩く人が後ろにいることで、歩くのが遅い私でもプレッシャーを感じて強制的に小走りにならざるを得ないようなイメージだろうか。現実では他の通行人の邪魔になるような行動は控えるべきであり、むやみに前にカットインすることも避けたほうがいいだろう。そのため本手法の現実への応用は難しそうだ。ただしシミュレーションにおいて、このような方法論を模索することは、目的達成とは別の観点、例えばマナーを考えるきっかけになるという点で有用だと考える。

図5.10：通行人に押してもらう、さざ波歩行法

　本手法は移動が速くなる分、同僚が出現してからの猶予時間が短くなることや、後ろの通行人が邪魔になって引き返しづらいことから、他のプレイヤーの方法と比較して達成率は低くなっている。

能登ルーレット

　最後に、プレイヤー3。彼は最も状況把握に長けており臨機応変に複数の戦術を使い分ける。今の状況で避けることが困難だと思えば、後ろに引き返したり脇道に隠れたりして状況が好転するのを待つ（図5.11）。

図5.11：脇道に隠れて状況が好転するのを待つ様子

　彼の戦術の中で特異な動きが「能登ルーレット」だ。どうしても同僚の視線を遮るものがない場合、あえて同僚に近づき円弧状に移動することで、最短時間で同僚の視線外に移動するという方法だ（**図5.12**）。この動きによって、たとえ視線内に入っても、気づかれる前にすれ違うことを可能にした。なお、本手法の名称は彼の出身地である能登半島の形状が歩行の軌跡と類似していることから名付けられた。結果、彼の達成率は全ゲーマーの中で最も高くなった。

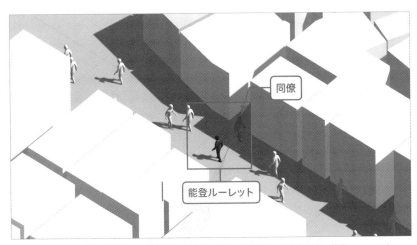

図5.12：あえて同僚に極限まで近付き円弧上に移動することで視線をそらす、能登ルーレット

　いかがだろうか。休日に同僚と遭遇しそうになっても、このように適切な距離感を保つことができれば、充実した週末を送ることができるのではないだろうか。もちろん、ときには会社の同僚と能動的に会い、飲みに行くことなども有意義だろう。本稿は、休日に会社の同僚と会うこと自体を否定するものではなく、自分の意図に反して（意図によらず、ではなく会いたくないときに）偶然出会うことを避けるためのものだ。

　最後に。私は、下北沢を引っ越した。

5.3 解説・今後の課題

ここではシミュレーション環境となる3Dマップおよび視線判定アルゴリズムについて解説する。なお紙面の都合上ゲーム全体の設計の解説は割愛する。

オープンデータを用いた3Dマップの作成

本稿ではシミュレーション環境を多少デフォルメするために建物のオブジェクトを自前でモデリングした。しかし、よりリアルな環境シミュレーションを行う場合は、3D地図データを用いる方法がある。ここではOpenStreetMap（URL https://www.openstreetmap.org/）を用いた方法を紹介する（図5.13）。

図5.13：オープンライセンスの地図「OpenStreetMap」

OpenStreetMapはオープンライセンスで利用できる地図であり、道路や建物など様々なデータを活用することができる。本稿ではOpenStreetMapの建物ごとの標高データを含む3D地図データのBlenderへのインポート方法について記載する。

まずはBlenderでOpenStreetMapの提供する3Dマップデータを利用するためのアドオン「blender-osm」をインストールする（図5.14）。アドオンには「basic version」といくつかの追加機能がある「premium version」

があるが、本解説の機能は「basic version」で問題ない。「basic version」の公式ページ（**URL** https://gumroad.com/l/blender-osm）から画面をスクロールして任意の金額（0円〜）を入力したら「Purchase」をクリックする。

図5.14：
「blender-osm」の
「basic version」の
購入・ダウンロード画面

　購入が完了しアドオンをダウンロードしたら、Blenderを立ち上げ（図5.15）、上部メニューから「Edit」**❶**→「Preferences」を選択する**❷**。

図5.15：BlenderのEditメニューからPreferencesを選択

　Preferences（図5.16）の左メニューから「Add-ons」を選択し❶、上部の「Install」を選択する❷。

図5.16：Preferencesの「Add-ons」の設定を開き、上部の「Install」を選択

　ファイルを選択する画面が開くため先ほどダウンロードしたアドオンのファイルを選択し「Install Add-on」をクリックする。インストールが完了したら、PreferencesのAdd-onsの一覧にblender-osmが反映される。右上の検索窓から（図5.17）「blender-osm」と入力して❶、アドオンが表示されればインストールは無事完了している。左のチェックボックスにチェックを入れて❷、アドオンを有効にする。

図5.17：「blender-osm」のチェックボックスにチェックを入れてアドオンを有効にする

次に、チェックボックスの左側にある三角ボタンをクリックして詳細画面を開く（図5.18）。画面中程の「Preferences」の項目（"Directory to store downloaded OpenStreetMap and terrain files"）の箇所でフォルダを指定し、OpenStreetMapからダウンロードした地図データの保存場所を任意に設定しておく。

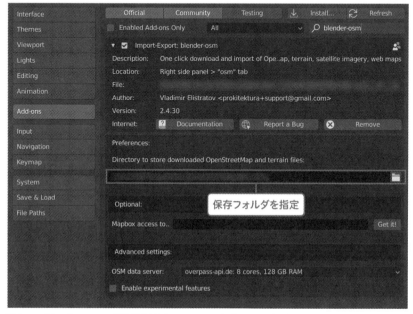

図5.18：blender-osmの詳細設定画面でファイルの保存フォルダを指定

アドオンを有効にすると、Blender画面の右側のサイドメニュー（プロパティシェルフ）に、「osm」タブが追加される（図5.19❶）。もしサイドメニューが表示されていない場合は、[N]キーを押すと表示される。

「osm」タブの上部の「Extent:」で3Dマップデータの指定をする。左上の「select」をクリックすると❷、ブラウザが立ち上がり世界地図が表示されるため3Dマップデータを取り込みたいエリアに画面を移動・拡大して表示する（図5.20）。

次に左の「Show selection rectangle」をクリックすると（図5.21❶）取り込む範囲が表示されるため任意の区域に調整し❷、左側の「Copy」をクリックする❸。

図5.19：サイドメニューに「osm」タブが追加される

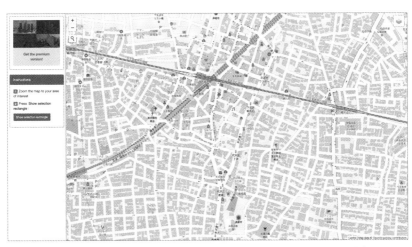

図5.20：ブラウザで世界地図が表示されたら3Dマップデータを取り込みたいエリアを表示

図5.21：3Dマップを取得したい区画を選択し「Copy」をクリックする

　Blenderの画面に戻り、「osm」タブの上部「Extent:」にて「paste」をクリックし（図5.22❶）、取り込む緯度と経度の数値が変更されたことを確認したら、「import」をクリックする❷。すると先ほど選択した区画の3DマップがBlenderにて表示される。後はBlenderで編集後、保存し、次頁以降で紹介するUnityにimportすることで本稿のようなシミュレーションを行う。

図5.22：Blenderにて選択した区画の3Dマップが表示される

Unityを利用した3Dシミュレーション

　本書ではUnityを用いて3Dシミュレーションを行う。Unityは2D/3Dの
ゲーム開発プラットフォームであると同時に映像制作にも広く使用されてい
る。もしUnityがインストールされていない場合は公式サイトから最新版を
ダウンロードしておく。本稿の内容を試す場合、Unityのプランは無償の個
人向け（Unity Personal）で問題ない。個人向けのダウンロードページ
（**URL** https://store.unity.com/download?ref=personal）からまずはUnity
のバージョン管理ツールである「Unity Hub」をダウンロードしインストー
ルする（図5.23 ❶❷）。Unity Hub上で「ライセンスがありません」等のエ
ラーが表示された場合はUnity IDを作成し、Unity Hubの画面右上の歯車か
らPersonalライセンスのアクティベーションを行う（**参考 URL** https://
docs.unity3d.com/ja/2019.4/Manual/OnlineActivationGuide.html）、

図5.23：3Dシミュレーションに用いるUnity（個人向け）

　Unity Hubを立ち上げたら（図5.24）、画面左のメニューから「インストー
ル」をクリックして❶、右上の「インストール」をクリックし❷、「Unityバー
ジョンを加える」画面で、任意のバージョンのUnityを選択する❸。

図5.24：Unity Hubから Unity をインストール

　Unityがインストールできたら、Unity Hub（図5.25）から「プロジェクト」をクリックして❶、「新規作成」をクリックし❷、「Unity（バージョン名）で新しいプロジェクトを作成」画面で「3D」のプロジェクトを選択する❸。任意のプロジェクトフォルダの場所とプロジェクト名を指定して❹、「作成」をクリックし❺、Unity画面を開く。

図5.25：Unity Hubから新規プロジェクト作成

Unity における視線判定

　Unityを立ち上げたらまず下準備として人物を配置する（図5.26）。人物は適当なもので問題ない。私が本稿用にBlenderでモデリングしたサンプルファイルをGitHub（ URL https://github.com/mirandora/ds_book/tree/main/5_1）にアップしておく。なお、以降の記述はこのファイルを用いて解説する。もし自前で3Dモデルを用意した場合は、適時PositionやScaleなどの値を調整してほしい。

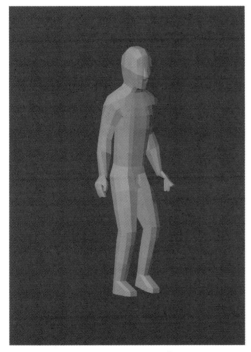

図5.26：本稿で用いた通行人の3Dモデル

　ファイルが用意できたらUnityの「Assets」（デフォルトだと画面下部）にドラッグ＆ドロップする（図5.27）。

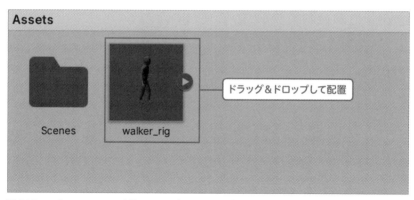

図5.27：UnityのAssetsに人物の3Dモデルをドラッグ＆ドロップ

　「Assets」に反映された人物の3Dモデルを画面中央の「Scene」内にドラッグ＆ドロップする。配置されたらその3Dモデルが選択された状態で画面右の「Inspector」にて、Positionの値を「X:0 Y:0 Z:0」にしておく（図5.28）。

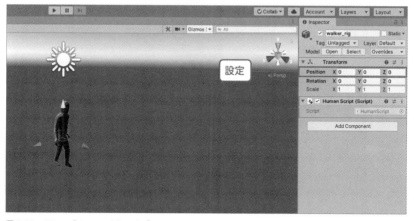

図5.28：3DモデルのPositionを「Inspector」で調整

　次に、球を配置する。画面左の（図5.29）「Hierarchy」内で右クリックあるいは「Hierarchy」内の上部の「+」をクリックして❶、「3D Object」❷→「Sphere」❸を選択する。

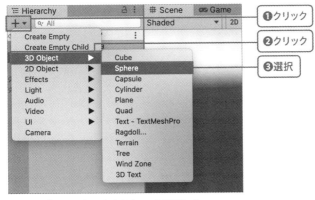

図5.29：「Hierarchy」からSphereを新規作成

　「Scene」に球が反映されたらそのオブジェクトを選択して画面右の「Inspector」内のTransformにて、一番上部の名前（「Sphere」と記載されている箇所）を「SphereTarget」に変更、Positionを「X:0 Y:1.85 Z:2.6」、Scaleを「X:0.2 Y:0.2 Z:0.2」あたりにしておく。この値はあくまで視線判定機能を確認するための適当な値のため、厳密に同じでなくても問題ない。また機能上は不要だが、視線の軌跡がより目視でわかりやすいように床を設置することにする。球と同じく画面左のHierarchyから「3D Object」→「Plane」を選択し、「Inspector」内にてPositionを「X:0 Y:0 Z:0」、Scaleを「X:1 Y:1 Z:1」としておく。すると図5.30のようになる。

図5.30：「Scene」に人物、球、平面を設定した状態

　下準備の最後としてカメラの位置を調整しておく。「Scene」でカメラを選択するとカメラからの視点をプレビューできる。通常カメラからの視点と「Scene」で表示されている視点は異なるため、「Scene」を適宜シミュレーションしたい角度に調整後、カメラを選択した状態で（図5.31）、上部メニューから「GameObject」❶→「Align With View」❷を選択する。すると「Scene」で表示されている角度にカメラが設定される。

図5.31：カメラを選択して、「Align With View」で視点を調整

　Unityでの視線判定には様々な実装方法があるが、本稿では特定の方向にオブジェクトが存在するかを判定するRayCastという機能を用いた方法を紹介する。ここでは「Scene」に配置した球をランダムに動かし、人物から球への視線を表示する。

　まずは球を選択し、画面右の「Inspector」の下の「Add Component」をクリックする。検索欄に「script」と入力し、「New script」を選択する。Nameの欄は任意でよいが「SphereScript」としておく。「Asset」に「SphereScript」が追加されるためダブルクリックして「Code」画面を開いたら**リスト5.1**のように入力する。

　`void Start()`内は起動時に行う処理、`void Update()`内は毎フ

レームごとに実行する処理となる。まずはRandom.valueとして0〜1の範囲の乱数を random_move として取得する。その値に応じて、transform.Translateで前後左右に移動する簡単なプログラムとなる。

リスト5.1　球をランダムに動かす処理

```
using System.Collections;
using System.Collections.Generic;
using UnityEngine;

public class SphereScript : MonoBehaviour
{
    // Start is called before the first frame update
    void Start()
    {

    }

    // Update is called once per frame
    void Update()
    {
        float random_move = Random.value;

        if (random_move < 0.25f)
        {
            transform.Translate(0f, 0f, 0.1f);
        }
        else if ((0.25f <= random_move) && (random_move ➡
< 0.5f))
        {
            transform.Translate(0f, 0f, -0.1f);
        }
        else if ((0.5f <= random_move) && (random_move ➡
< 0.75f))
        {
            transform.Translate(-0.1f, 0f, 0f);
```

```
        }
        else
        {
            transform.Translate(0.1f, 0f, 0f);
        }
    }
}
```

　次に、人物の3Dモデルを選択し同様に「Add Component」をクリック、検索窓に「script」と入力し、「New script」を選択する。Nameの欄は「HumanScript」としておく。まず先ほどランダムに動かす設定にしたSphereTargetの位置を取得する（前述の通り球の名前を「SphereTarget」に変更しておくことに留意）。

　「Scene」内のオブジェクトの位置を取得するには`GameObject.Find ("取得したいオブジェクト名").gameObject.transform.position`とする。球の位置を取得したら、キュー（queue）に追加する。キューとは先入れ先出しの待ち行列の構造である。`Enqueue`でキューに要素を追加し、`Dequeue`でキューから最初に追加した要素を取り出す。ここでは球の位置を取得後、少し遅れて視線を追従させるためにいったんキューに入れて、任意のフレーム数後（ここでは10）に、キューから球の位置を取り出して視線を描画するという処理をしている。

　次に`Ray`を作成する。`Ray`とはある起点から指定したベクトル方向に進む線である。ここでは`human_pos`として指定した人物（の目）の位置を起点とし、起点から球の位置方向へのベクトルを指定する。

　また`RaycastHit`で先ほど定義した`Ray`上にオブジェクトがあるかを判定する。第3引数は起点からの距離となる。ここでは3としておく。最後に`Debug.DrawRay`で`Ray`を画面に表示する。第1引数は起点、第2引数はベクトルと距離、第3引数は色、第4引数は表示を消すまでの時間となる。なお`Debug.DrawRay`を表示するには、SceneあるいはGameにて画面右上の「Gizmos」をオンにしておく。

　HumanScriptのコードは**リスト5.2**、全体の実行結果は**図5.32**のようになる。

リスト5.2　ランダムに動く球に向かって人物から目線を表示させる処理

```
using System.Collections;
using System.Collections.Generic;
using UnityEngine;

public class HumanScript : MonoBehaviour
{
    Queue<Vector3> sphere_pos_queue = ➡
new Queue<Vector3>();
    Vector3 sphere_pos;
    Vector3 human_pos = new Vector3(0f, 1.85f, 0.0f);
    Color32 ray_color = new Color32(220, 12, 12, 64);

    // Start is called before the first frame update
    void Start()
    {

    }

    // Update is called once per frame
    void Update()
    {
        sphere_pos = GameObject.Find("SphereTarget").➡
gameObject.transform.position;
        sphere_pos_queue.Enqueue(sphere_pos);

        if (sphere_pos_queue.Count > 10){
            Vector3 tmp_pos = sphere_pos_queue.Dequeue();

            Ray ray = new Ray(human_pos, ➡
tmp_pos-human_pos);
            RaycastHit hit = new RaycastHit();
            if(Physics.Raycast(ray ,out hit, 3)){
                print("see!");
            }
```

```
        else{
            print("can't see!");
        }
        Debug.DrawRay(ray.origin, ray.direction*3, ➡
ray_color, 1.0f, false);
        }
    }
}
```

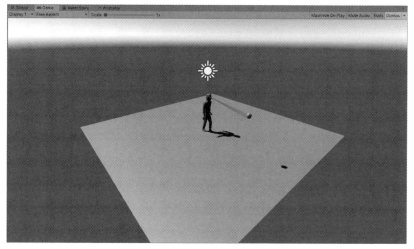

図5.32：RayCastによる視線衝突判定

　以上で、ある起点からの視線表示および視線での衝突判定を行うことができる。本稿SECTION5.2では上記のコードからさらに起点となる人物も動かすとともに、途中にオブジェクトがある場合は視線判定をしないようにしている。

今後の課題・発展

　本稿では3Dマップの環境構築にOpen Street Mapを用いたが、近年、国土交通省が主導する日本全国の3D都市モデルのオープンデータ化プロジェ

クト「PLATEAU」（URL https://www.mlit.go.jp/plateau/）の対応都市が増えている。目的・用途に応じてPLATEAUの活用をあわせて検討されたい。本稿SECTION5.2では通行人の動きをある程度直線的にしたが、様々な属性に応じて引き返したり立ち止まったりするバリエーションを付けることが考えられる。また、1人1人の通行人ではなく集団での通行人を想定すれば、グループに紛れることで同僚の視線をかわすなど対策の幅が広がる。また本稿では1対1での視線判定を行ったが、複数人の間での視線判定も構築可能である。

　例えばエレベータなどの狭い空間において、さして仲良くない同僚と居合わせたときに気まずい思いをする問題がある。この際、私と相手の2人しかいないと詰むが、仮にもう1人同僚が居合わせたとしたら同僚のアテンションを3人目の同僚に移すことができる。自分にアテンションが向く前に別の同僚を発見させるようにするにはエレベータのどこにいて、乗り合わせた人数に応じてどのように移動するのがよいかというシミュレーションが可能だ。

　また別のシチュエーションとして、「ある閾値以上の人数からの注目を浴びないようにする」ということが知りたい場合もある。例えば飲食店で店員を呼びたい場合に周りの客の注意をできるだけひきたくないということがよくある。そのための店員に声をかける最適なタイミングを知りたいとする。この場合は視線および声の聞き取り範囲などを想定しシミュレーションすることになると思われる。

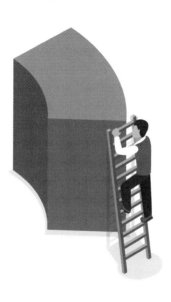

CHAPTER 6

飲み会で孤立しないための
セル・オートマトン

会議でも飲み会でも時々、妙に噛み合って、
普段の自分からは信じられないようなパフォーマンスを発揮するときがある。
場をこなすことでコミュニケーション能力が向上したかと思いきや、
別の会議や飲み会ではうまくいかない。

そう、自分に何か変化が起きたわけではなく、
たまたまそのときのメンバーという「環境にぶっ刺さっていた」だけである。
だから些細なアップデートで環境から外れてしまう。

だったらせめてビギナー向けに環境武器を
教えてくれてもいいじゃないかと思う。
そのときの会議ないしは飲み会ではこういう戦略がお勧めですよ、と。

6.1 本章で紹介する内容について

本章で紹介する内容の初出について

- 2015年、mirandora.com にて掲載
  (URL https://www.mirandora.com/?p=725)
- 第7回ニコニコ学会βデータ研究会にて発表

本章の実行環境とデータについて

- データビジュアライズ：Processing (3.5.4)
- 本稿のデータ
  (URL https://github.com/mirandora/ds_book/tree/main/6_1)

6.2 飲み会で孤立しないためのセル・オートマトン

飲み会の孤立はセル・オートマトンで表現できる

　私が社会人になった頃は12月の忘年会が終われば1月の新年会、3月の送別会、4月の歓迎会など年末年始から春にかけて、何かと大人数で飲む機会が多かった。大人数での飲み会で重要なことは1つ、**"いかにして孤立しないか"** ということである。

　飲み会における前提条件は多くの場合、下記の通りに整理できる。

- 参加した以上、誰かと会話し続けることが求められる。
- 会話をするためには席配置が重要である。席が離れている人とは会話はできない。
- 周囲の席の会話量に応じて自分がどれだけ会話に加わることができるかが決まる。
- 周囲に1人も親しい人がいない場合は話すことができない。

お気づきの通りこれはまさにセル・オートマトンで解決できる問題である。

セル・オートマトンとはウラムとフォン・ノイマンの悩み

　セル・オートマトンとは、近傍のセルの状態の影響を考慮する時系列の状態遷移を扱うシミュレーションモデルとなる。

　簡単に1次元のセル・オートマトンを例にして見ていく。時刻tにおける図6.1のような配列、および"状態"があったとする（"状態"とは、"0"か"1"の値を考える。例えば"白"か"黒"、"生"か"死"か、などである）。

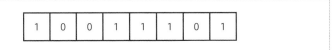

図6.1：時刻tにおける配列と状態

　次に各セルにおいて、自分と近傍（ここでは左右1つ隣）の状態をもとにした、状態遷移のルールを決めておく。例えば適当に図6.2のようなルールを考えるとする。この図は真ん中のセルが左右のセルの値によって次にどのような値に遷移するかを表すルールの例となる。

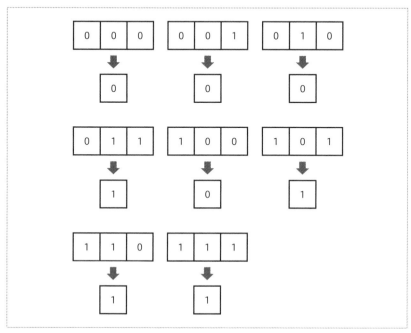

図6.2：自分と近傍の状態をもとにした状態遷移ルール

　すると、上記時刻 t の状態、状態遷移のルールから、時刻 $t+1$ の状態は図6.3の通りとなる[1][2]。

※1　すべてのセルにおいてルールが適用。左右端のセルは、一定の値（ここでは"0"）とする。
※2　状態がルールによって変化したもののみ、色付け。

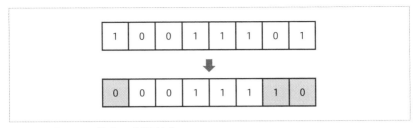

図6.3：遷移ルールに基づいて状態が変化

　さらに上記状態に状態遷移のルールから時刻$t+2$の状態を作りそこから時刻$t+3$の状態をつくり……といった手順でシミュレーションを進めていく。これがセル・オートマトンの考え方である。

　この概念は1940年代にロスアラモス国立研究所でスタニスワフ・ウラムとジョン・フォン・ノイマンによって発見された。**おそらくウラムとフォン・ノイマンも"飲み会での孤立"、という悩みを持っていたのではないだろうか。**

　本書では、このセル・オートマトンを使って"飲み会のシミュレーションにおける孤立"を表現し、孤立しないための戦略を考えることにする。ここでセル・オートマトンに1つ大きな変形が必要となる。それは"自分"と"友人"という状態不変の概念を入れることである。そうでないと、"盛り上がっている人"、"盛り上がっていない人"の2つの状態を持つ飲み会の盛り上がりのシミュレーション、となってしまう（それは別のシミュレーションとして興味深くはある）。

シミュレーション1：席固定の着席型飲み会

　まずは「席が固定されている着席型飲み会」を想定する。冒頭の飲み会の要件に加えて下記条件を追加する。

- 席は固定で移動しない。
- 16人の部内での飲み会とし、親しい人が2人は存在しそれ以外の人とは親しくない。
- 親しい人が周囲に多いほど最初の会話は弾む。
- 会話は時間経過ごとに収束していく。特に周囲に親しい人が多いほど話のネタは収束しやすい（なにせいつも話しているのだ）。

　上記の条件によるシミュレーション過程についてビジュアライズしていく。図6.4が本書でのシミュレーション環境の可視化となる。これまでの例と異なり2段構成となり左右だけではなく正面のセルにも依存して次の自分の状態が決定する。自分および親しい人の席はセルの枠の色を変えて表示している。また各席は会話量に応じて濃淡がつけられている（濃い色ほど会話量が多い状態）。状態遷移に応じて逐次濃淡は変化していく。

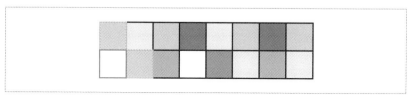

図6.4：会話量シミュレーションのビジュアライズ

　言うまでもなく最初の着席配置をどうするかにすべてがかかっている。いくつかのシミュレーション結果を見てみよう。

　まず飲み会初心者がやってしまいがちな、仲の良い人で固まるというパターン。図6.5の色付けされているセルが自分および仲の良い人を表す。

1	0	0	0	0	0	0	0
1	1	0	0	0	0	0	0

図6.5：仲のいい人で固まるパターン

　これは、**早々に話題がなくなって詰む**。図6.6が全体の会話量の推移および自分の会話量の推移を表す（横軸が時間経過、縦軸が会話量を表す。以下同様）。"my_talk_status"が自分の会話量、"average_talk_status"が全体の平均会話量の推移を表す。各時間において各席（セル）の初期状態の会話量を周囲の親しい人の数によって算出し、以降は周囲の親しい人の数や会話量によって自分の会話量の推移をシミュレーションした様子となる。

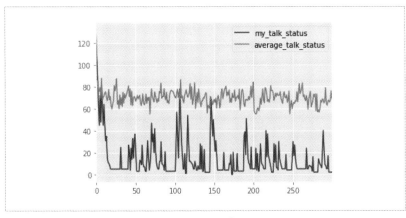

図6.6：全体の会話量の推移および自分の会話量の推移①

それではどうするべきか。1人だけ親しい人を近くに配置し、もう1人の人は1つ以上席を離して配置するとよい。例えば図6.7のような状態だ。

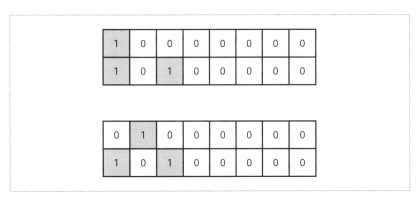

図6.7：仲の良い人を1つ飛ばしにした席配置

全体平均と比較して会話量は少ないものの、先ほどよりも会話量が増加しており、全体よりも盛り上がる瞬間が複数回見られる（図6.8）。親しい人で固めすぎないことで、適度に話題をつなぎつつ、普段話さない人と新しい会話ができる。

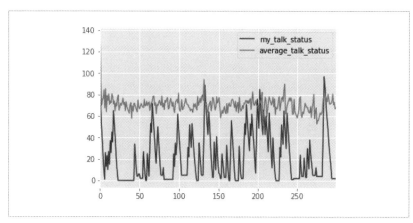

図6.8：全体の会話量の推移および自分の会話量の推移②

上記の結果をまとめると表6.1となる。

表6.1：周囲の親しい人の人数ごとの全体平均会話量・自分の会話量

周囲の親しい人の人数	全体平均会話量	自分の会話量
1人	70.8	22.7
2人	70.2	14.6

シミュレーション２：立食型飲み会

次に「移動が自由な立食型飲み会」を想定する。今度は下記の条件を追加する。

- 任意の時間ごとに立つ場所を移動できる。自分以外の出席者は一定時間ごとにランダムに移動。
- 100人の出席者中、親しい人が6人存在し、それ以外の人とは親しくない。

このシミュレーション条件では、自分の親しい人がどのように分散しているかを序盤で見極めて、いかに巧みに移動していくかがポイントとなる。とにかく、1箇所にとどまらないことだ。たとえ親しい人が1箇所に固まっている場合でも適宜状況の変化に応じてポジションを巧みに変えるとよいだろう（図6.9）。

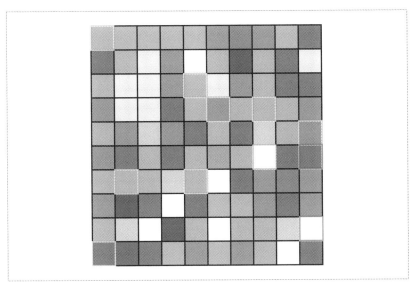

図6.9：立食型飲み会のシミュレーション

　ランダムに移動した場合と、親しい人の近くに能動的に移動した場合を比較した結果が図6.10、図6.11および表6.2となる。戦略的な移動が非常に重要なことがわかる。

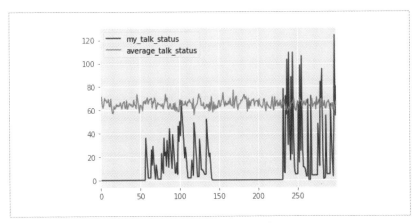

図6.10：ランダムに移動した場合の全体（average_talk_status）と
　　　　自分（my_talk_status）の会話量の比較

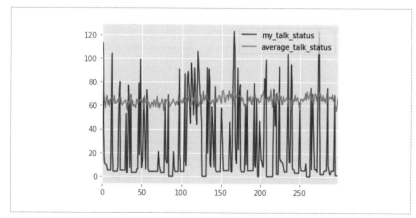

図6.11：常に親しい人の近くに移動した場合の全体（average_talk_status）と
　　　　自分（my_talk_status）の会話量の比較

表6.2：移動方針ごとの全体平均会話量・自分の会話量

移動方針	全体平均会話量	自分の会話量
ランダムに移動	64.7	14.8
親しい人の近くに移動	70.0	24.0

　いかがだろうか。「コロナ以降に社会人になった私には多人数の飲み会など関係ない」などとは思わないほうがよい。この激動の時代に置いて重要なことは「いついかなる大変革が起きても大丈夫なように準備をする」ということではないだろうか。今後も多人数の飲み会がない保証などない。備えあれば憂いなし。セル・オートマトンあれば「孤立する飲み会なし」である。

6.3 解説・今後の課題

Processingを用いた
シミュレーション・ビジュアライゼーション

　Processingはプログラミングによるビジュアライゼーション表現を行うための総合メディア開発環境である。高度で美しい多彩な表現が可能だが本稿ではシンプルなシミュレーション結果のビジュアライズのために用いる。Processingの公式サイト（ **URL** https://processing.org/）では様々なサンプルも参照することができる（図6.12）。

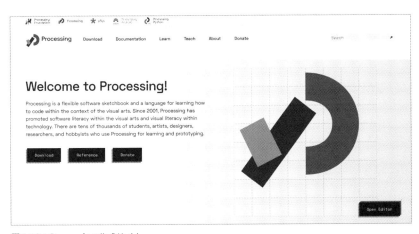

図6.12：Processing公式サイト

　トップページにアクセスし、画面左上のロゴ横の「Download」をクリックし、使用しているOSに対応したプログラムファイルを任意の場所にダウンロードする。ダウンロードが完了後、ファイルを解凍して実行すると開発画面が立ち上がる（図6.13）。ここにプログラムを入力していく。デフォルトでは日本語のコメントが文字化けするため、「Processing」→「環境設定」の「エディタとコンソールのフォント」で日本語フォントを指定しておく。

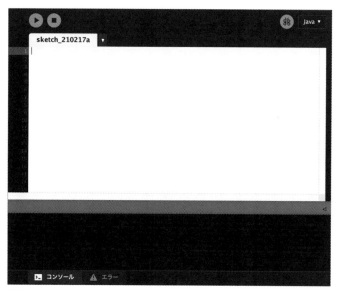

図6.13：Processingを起動した状態

　Processingでは、初回のセットアップをvoid setup()内に、毎フレーム実行される処理をvoid draw()の中に記述していく（リスト6.1）。

リスト6.1　Processingにおける初回に行う処理と毎フレーム実行する処理の区分

```
void setup(){
    //初回に行う処理
}

void draw(){
    //毎フレーム実行する処理
}
```

　setup()内で初回に行う処理では画面の設定などがある。画面サイズの指定はsize(横幅,縦幅)で行う。また画面の背景はbackground(色指定※グレースケール値、RGBなどで指定可)で行う。
　例えば640×320の背景白の画面にしたい場合はリスト6.2となる。

リスト6.2　640 × 320の背景白の画面にしたい場合

```
void setup(){
    size(640,320);
    background(255);
}
```

　画面に四角を描画するにはrect（左上頂点のx値, 左上頂点のy値, 横幅, 縦幅）を用いる。stroke（色指定）で線の色を指定、strokeWeight（線の太さ）で線の太さ、fill（色指定）で塗りの色を指定できる。
　毎フレームごとにランダムに色を変える四角を描画するにはリスト6.3を記述した上でProcessing画面左上の「▶（実行ボタン）」をクリックすることで、図6.14のように描画される。

リスト6.3　毎フレームごとにランダムに色を変える四角を描画する処理

```
void setup(){
    size(640,320);
    background(255);
}

void draw(){
    int random_grey_color = int(random(255));
    fill(random_grey_color);
    stroke(0);
    strokeWeight(2);
    rect(20 ,20 , 50, 50);
}
```

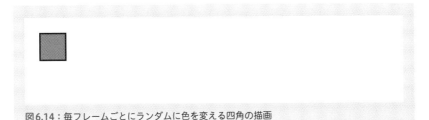

図6.14：毎フレームごとにランダムに色を変える四角の描画

Processing によるセル・オートマトンの可視化

　ここからは「シミュレーション1：席固定の着席型飲み会」の実装を解説する。ここでは16人の同僚を設定するが、1人1人の同僚を表すWorkerというクラスを用意することにする。クラスを用意すると初期状態を表すインスタンスをクラス名と同じWorker()として記述する必要がある（リスト6.4）。

リスト6.4　同僚を表すWorkerクラスの定義
（リスト6.5〜リスト6.12でプログラムの中身を追記。コード全体はリスト6.13）

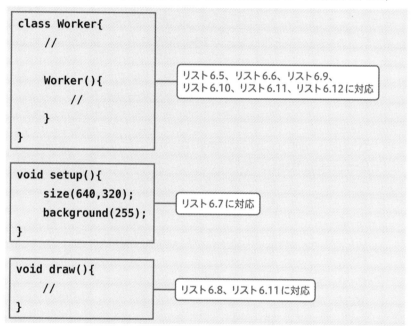

```
class Worker{
    //

    Worker(){
        //
    }
}
```
リスト6.5、リスト6.6、リスト6.9、リスト6.10、リスト6.11、リスト6.12に対応

```
void setup(){
    size(640,320);
    background(255);
}
```
リスト6.7に対応

```
void draw(){
    //
}
```
リスト6.8、リスト6.11に対応

　Workerクラスには、まずは席位置、席座標（席位置から計算される画面に描画するときの座標。のちほど座標計算は実装）、会話状態、自分かどうか、親しい人かどうか、などが必要だろう。初期状態では、自分ではない（me=0）、親しい人ではない（friend_ship=0）」とし、talk_statusはランダムな値を入れておくことにする（リスト6.5）。

リスト6.5 Workerクラスに各種プロパティを実装

```
class Worker{
  //席位置
  int s_x;
  int s_y;

  //席座標
  int x;
  int y;

  //会話状態（会話中なら徐々に減衰）
  int talk_status;

  //自分かどうか
  int me;

  //友情（仲の良い人が2人くらいいる）
  int friend_ship;

  Worker(){
    talk_status = int(random(255));
    me = 0;
    friend_ship = 0;
  }
}
```

　次にWorkerに必要な機能を実装していく。まずは会話量を決める talk()メソッド。この中で会話ルールを記述し、周りのセルの状態に応じて次の状態の自分の会話量を決める。次にupdate()メソッド。talk関数で決定した次の会話量にしたがって状態をupdateする。それからsitdown()メソッド。これは指定した席位置にWorkerを配置し、その席座標を計算するものとなる。最後にdisplay()メソッド。自分、親しい人、それ以外の人によって枠線の色を変えて四角を描画する。

　ここではまず、簡単なsitdown()メソッドとdisplay()メソッドを

実装しておく。まず飲み会の席として横に8列、縦に2列としそれぞれ、table_c、table_rという変数で指定しておく。次に席の大きさを30pixelとして描画することにする。その際、Srtoke(255,0,0)で自分を赤枠に、Stroke (0,0,255) で友人を青枠で囲むように指定する（リスト6.6）。

リスト6.6　席配置（sitdown()）と描画（display()）を行うメソッドを実装

```
//飲み会の席
int table_c = 8;
int table_r = 2;          ─ 更新箇所
int seat_width = 30;

class Worker{
  //席位置
  int s_x;
  int s_y;

  //席座標
  int x;
  int y;

  //会話状態（会話中なら徐々に減衰）
  int talk_status;

  //自分かどうか
  int me;

  //友情（仲の良い人が2人くらいいる）
  int friend_ship;

  Worker(){
    talk_status = int(random(255));
    me = 0;
    friend_ship = 0;
  }
```

更新箇所

```
void sitdown(int c, int r){
  s_x = c;
  s_y = r;

  x = c * seat_width;
  y = r * seat_width;
}

void display(){
  fill(255-talk_status);

  if (me==1){ //自分
    stroke(255,0,0);
    strokeWeight(3);
  }else if(friend_ship == 1){ //仲の良い同僚
    stroke(0,0,255);
    strokeWeight(3);
  }else{ //それ以外
    stroke(0);
    strokeWeight(2);
  }

  rect(x+width/2-((seat_width * table_c)/2),y+height/➡
2-((seat_width * table_r)/2),seat_width,seat_width);
  }
}
```

　ここまで準備できたら、16人の同僚を席に配置して描画してみる。同僚を入れる配列を Worker[] workers; として定義し、1つずつの席ごとに同僚をインスタンスで初期化し、描画していく。自分と、自分と親しい人はそれぞれ任意の席番で取り急ぎ指定する。Worker[] workers; を関数外でグローバル変数として記載し、setup()関数内を**リスト6.7**のように実装する。

リスト6.7　16人の同僚を席に配置して描画する実装

```
Worker[] workers;

void setup(){
  size(640,320);
  background(255);

  //16人の同僚
  workers = new Worker[table_c * table_r];
  for(int c=0;c<table_c;c++){
    for(int r=0;r<table_r;r++){
      workers[c + r*table_c] = new Worker();

      //自分の席を決める
      if ((c==0) && (r ==1)){
        workers[c + r*table_c].me = 1;
      }

      //仲の良い同僚の席を決める
      if (((c==0) && (r ==0)) || ((c==1) && (r ==1)))➡
{ //友人2人が近く
        workers[c + r*table_c].friend_ship = 1;
      }

      workers[c + r*table_c].sitdown(c,r);
      workers[c + r*table_c].display();
    }
  }
}
```

　実装後、Processingの左上の「▶」(「実行」ボタン)をクリックすると、図6.15のように表示される。確認したら、「■」(「停止」ボタン)をクリックしておく。

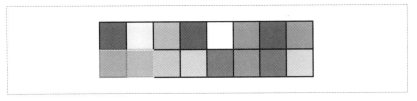

図6.15：16人の同僚を席配置して描画した様子

　図6.15は毎フレームごとの処理を記載していないため停止しているよう
に見える。次にdraw()メソッド内から各Workerに対してtalk()メ
ソッドを呼び出し、display()メソッドで描画した後、次のステータスを
update()メソッドで反映する（talk()メソッド、update()メソッド
はこの時点ではまだ実装していないため、リスト6.8を実行しても何も起こ
らない）。

リスト6.8　各Workerのステータスをupdate()メソッドで反映する

```
void draw(){
  for(int i=0;i<workers.length;i++){
    workers[i].talk();
    workers[i].display();
  }
  for(int i=0;i<workers.length;i++){
    workers[i].update();
  }
}
```

　ここからtalk()メソッドの実装をしていく。周囲の状態に応じて会話量
を計算するため、まずは、周囲（1セル距離以内）の会話量（talk_
status）合計をneighbor_talk、真横の席の会話量をside_talk、真
正面の席の会話量をfront_talk、周囲（1セル距離以内）の親しい人の数
をneighbor_fsとし、自身を中心に各種会話量を計算する処理を、それぞ
れWorkerクラス内のtalk()メソッド内に定義しておく（リスト6.9）。

リスト6.9 周囲の状態に応じて会話量を計算する処理をtalk()メソッドに実装

```
void talk(){
  int neighbor_talk = 0;
  int side_talk = 0;
  int front_talk = 0;

  int neighbor_fs = 0;

  //自分を中心に席が存在するかチェックしてもし存在するなら各種会話量計算
  for (int i = s_x-1; i<=s_x+1; i++){
    for (int j = s_y-1; j<=s_y+1; j++){
      //println(i,j,s_x,s_y,table_c,table_r);
      if ((i >= 0) && (i < table_c) && (j >= 0) && ➡
(j < table_r)){
        neighbor_talk += workers[i + j*table_c].➡
talk_status;
        neighbor_fs += workers[i + j*table_c].➡
friend_ship;

        //もし正面なら
        if (j == s_y){
          front_talk += workers[i + j*table_c].➡
talk_status;
        }
        //もし隣なら
        if (abs(s_x - i) == 1){
          side_talk += workers[i + j*table_c].➡
talk_status;
        }
      }
    }
  }
}
```

（会話量減少）」、逆に「周りの会話量が閾値"以上"になると会話終了（会話量減少）」、そして「目の前の人、あるいは隣の人が話していたら一定確率で会話継続」である。

まず next_talk_status という変数を新たに定義し、これを条件に応じて更新していく。また talk_probability という変数を用意し、talk_probability=random(1) で会話確率を計算し、閾値に応じて処理を行う（リスト6.10）。

リスト6.10　会話終了、会話継続のルールを実装

```
class Worker{
  //席位置
  int s_x;
  int s_y;

  //席座標
  int x;
  int y;

  //会話状態（会話中なら徐々に減衰）
  int talk_status;

  //自分かどうか
  int me;

  //友情（仲の良い人が2人くらいいる）
  int friend_ship;

  //次の会話量の変数を定義          ─ 更新箇所
  int next_talk_status;

  // ...（省略）

  void talk(){
    int neighbor_talk = 0;
```

```
    int side_talk = 0;
    int front_talk = 0;
    int neighbor_fs = 0;
```

更新箇所

```
    float talk_probability;

    // ...(省略)

    next_talk_status = talk_status;

    //ルール1：周りの会話量が閾値以下になると会話終了
    //ルール2：周りの会話量が閾値以上になると会話終了（会話量減少）
    if ((neighbor_talk < 50) || (neighbor_talk > 500)){
      if (next_talk_status > 50){
        next_talk_status -= 50;
      }
    }

    //ルール3：目の前の人、あるいは隣の人が話していたら一定確率で会話継続
    if ((side_talk > 50) || (front_talk > 50)){
      talk_probability = random(1);

      if ((next_talk_status < 50) && (talk_probability ➡
< 0.2)){
        next_talk_status += (side_talk + front_talk) * ➡
0.15;
      }
    }
  }
  // ...(省略)
```

　また汎用的なルールとは別に、自分だけの特別ルールを設定することにする。「初期状態は親しい人の数で決める」「親しい人との会話は盛り上がりに応じてネタが枯渇」「親しい人がいると一定確率で話す」「周囲に1人も親しい人がいないと話さない」の4つである。初期状態の設定は1度しか行わな

いため、setup()内に記述してもよい。ここでは frame_ct という変数をグローバル変数として用意した。frame_ct は任意でログ出力などにも用いる（リスト6.11）。

リスト6.11　特別ルールとして周囲の親しい人に関する会話継続ルールを実装

```
Worker[] workers;
int frame_ct = 0;


void draw(){
    //...(省略)
    //毎フレームごとにframe_ctをインクリメント
    frame_ct++;
}


class Worker{
  //...(省略)

  void talk(){
    //...(省略)
    //自分だけの特別ルール
    if (me == 1){ //16人の同僚
      //特別ルール1：初期状態は親しい人の数で決める
      if((frame_ct == 0) && (next_talk_status < 100)){
        next_talk_status += neighbor_fs * 25;
      }
      if (neighbor_fs >= 1){
        //特別ルール2：親しい人との会話は盛り上がりに応じてネタが枯渇
        if(next_talk_status > neighbor_talk*0.03*➡
neighbor_fs){
          next_talk_status -= neighbor_talk*0.03*➡
neighbor_fs;
        }
        //特別ルール3：親しい人がいると一定確率で話す
        talk_probability = random(1);
```

```
    if ((talk_probability < 0.05*neighbor_fs) && ➡
(next_talk_status < 30)){
        next_talk_status += next_talk_status * 1.5;
    }
}
//特別ルール4：周囲に1人も親しい人がいないと話さない
if(neighbor_fs == 0){
    next_talk_status = 0;
}
```

　最後に、update()メソッドの中身を実装していく。ここまでtalk()メソッドの中で実装したnext_talk_statusを反映させることが中心だが、本シミュレーションではさらに2つの処理を追加した。1つは「前の状態からのランダムな減少」、もう1つは「周りの状態に関係なく、一定確率で話す」というものである（リスト6.12）。

リスト6.12　update()メソッドの中身を実装

```
void update(){
  talk_status = next_talk_status;

  //前のtalk_statusから更新
  if (talk_status > 5){
    talk_status -=int(random(1)*5);
  }

  //周りの状態に関係なく、突発的に一定確率で話す
  float talk_probability = random(1);
  if (me != 1){
    if ((talk_probability < 0.2) && (talk_status < 50)){
      talk_status += 80;
    }
  }

  print(talk_status + ",");
```

```
  }
```

ここまでのコードをまとめたものが**リスト6.13**となる。

リスト6.13　着席型飲み会シミュレーションの全体のコード

```
//飲み会の席
int table_c = 8;
int table_r = 2;
int seat_width = 30;

class Worker{
  //席位置
  int s_x;
  int s_y;

  //席座標
  int x;
  int y;

  //会話状態(会話中なら徐々に減衰)
  int talk_status;

  //自分かどうか
  int me;

  //友情(仲の良い人が2人くらいいる)
  int friend_ship;

  //次の会話量の変数を定義
  int next_talk_status;

  Worker(){
    talk_status = int(random(255));
```

```
    me = 0;
    friend_ship = 0;
  }

  void talk(){
    int neighbor_talk = 0;
    int side_talk = 0;
    int front_talk = 0;
    int neighbor_fs = 0;

    float talk_probability;

    //自分を中心に席が存在するかチェックしてもし存在するなら各種会話量計算
    for (int i = s_x-1; i<=s_x+1; i++){
      for (int j = s_y-1; j<=s_y+1; j++){
        //println(i,j,s_x,s_y,table_c,table_r);
        if ((i >= 0) && (i < table_c) && (j >= 0) && ➡
(j < table_r)){
          neighbor_talk += workers[i + j*table_c].➡
talk_status;
          neighbor_fs += workers[i + j*table_c].➡
friend_ship;

          //もし正面なら
          if (j == s_y){
            front_talk += workers[i + j*table_c].➡
talk_status;
          }
          //もし隣なら
          if (abs(s_x - i) == 1){
            side_talk += workers[i + j*table_c].➡
talk_status;
          }
        }
      }
    }
```

```
    next_talk_status = talk_status;

    //ルール1：周りの会話量が閾値以下になると会話終了
    //ルール2：周りの会話量が閾値以上になると会話終了（会話量減少）
    if ((neighbor_talk < 50) || (neighbor_talk > 500)){
      if (next_talk_status > 50){
        next_talk_status -= 50;
      }
    }

    //ルール3：目の前の人、あるいは隣の人が話していたら一定確率で会話継続
    if ((side_talk > 50) || (front_talk > 50)){
      talk_probability = random(1);

      if ((next_talk_status < 50) && (talk_probability ➡
 < 0.2)){
        next_talk_status += (side_talk + front_talk) * ➡
 0.15;
      }
    }

    //自分だけの特別ルール
    if (me == 1){
      //特別ルール1：初期状態は親しい人の数で決める
      if((frame_ct == 0) && (next_talk_status < 100)){
        next_talk_status += neighbor_fs * 25;
      }
      if (neighbor_fs >= 1){
        //特別ルール2：親しい人との会話は盛り上がりに応じてネタが枯渇
        if(next_talk_status > neighbor_talk*0.03*➡
neighbor_fs){
          next_talk_status -= neighbor_talk*0.03*➡
neighbor_fs;
        }
        //特別ルール3：親しい人がいると一定確率で話す
```

```
            talk_probability = random(1);
            if ((talk_probability < 0.05*neighbor_fs) && ➡
(next_talk_status < 30)){
                next_talk_status += next_talk_status * 1.5;
            }
        }
    }
    //特別ルール4：周囲に1人も親しい人がいないと話さない
    if(neighbor_fs == 0){
        next_talk_status = 0;
    }

  }

}

void update(){
  talk_status = next_talk_status;

  //前のtalk_statusから更新
  if (talk_status > 5){
    talk_status -=int(random(1)*5);
  }

  //周りの状態に関係なく、突発的に一定確率で話す
  float talk_probability = random(1);
  if (me != 1){
    if ((talk_probability < 0.2) && (talk_status < 50)){
      talk_status += 80;
    }
  }

  print(talk_status + ",");

}

void sitdown(int c, int r){
```

```
    s_x = c;
    s_y = r;

    x = c * seat_width;
    y = r * seat_width;
  }

  void display(){
    fill(255-talk_status);

    if (me==1){ //自分
      stroke(255,0,0);
      strokeWeight(3);
    }else if(friend_ship == 1){ //仲の良い同僚
      stroke(0,0,255);
      strokeWeight(3);
    }else{ //それ以外
      stroke(0);
      strokeWeight(2);
    }

    rect(x+width/2-((seat_width * table_c)/2),y+height/➡
2-((seat_width * table_r)/2),seat_width,seat_width);
  }
}

Worker[] workers;
int frame_ct = 0;

void setup(){
  size(640,320);
  background(255);

  //16人の同僚
  workers = new Worker[table_c * table_r];
  for(int c=0;c<table_c;c++){
```

```
      for(int r=0;r<table_r;r++){
        workers[c + r*table_c] = new Worker();


        //自分の席を決める
        if ((c==0) && (r ==1)){
          workers[c + r*table_c].me = 1;
        }


        //仲の良い同僚の席を決める
        if (((c==3) && (r ==1)) || ((c==4) && (r ==1)))➡
{ //友人0人が近く
        //if (((c==0) && (r ==0)) || ((c==1) && (r ==1)))➡
{ //友人2人が近く
        //if (((c==1) && (r ==0)) || ((c==2) && (r ==1)))➡
{ //友人1人が近く
        //if (((c==0) && (r ==0)) || ((c==1) && (r ==1)) ➡
|| ((c==1) && (r ==0))){
            workers[c + r*table_c].friend_ship = 1;
        }


        workers[c + r*table_c].sitdown(c,r);
        workers[c + r*table_c].display();
      }
    }
}


void draw(){
  for(int i=0;i<workers.length;i++){
    workers[i].talk();
    workers[i].display();
  }
  for(int i=0;i<workers.length;i++){
    workers[i].update();
  }
  println("");
  //毎フレームごとにframe_ctをインクリメント
```

```
    frame_ct++;
}
```

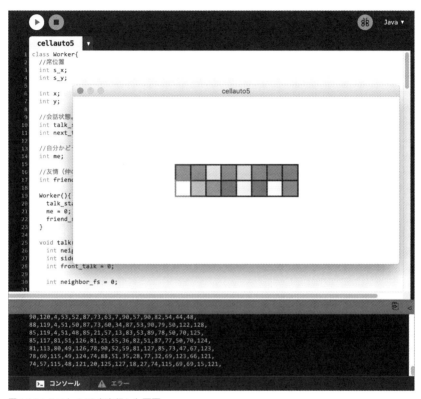

図6.16：リスト6.13を実行した画面

　リスト6.13を実行すると図6.16のように別ウィンドウで着席型会話シ
ミュレーションの可視化の様子が表示される。またコード画面下のコンソー
ル部には席ごとの会話量が表示される。可視化された図は赤枠で囲まれたセ
ルが自分、青枠で囲まれたセルが親しい人を表す。時刻ごとの会話量がセル
ごとの濃淡で表されており、濃いセルは会話量が多いことを表す。自分以外
のセルは濃淡を繰り返しながらも会話量が一定値付近で収まっていることに
対し、自分のセルは白くなる（会話がなくなる）瞬間が多いことがわかる。ま
たコードを変更し親しい人の席配置を変えると、自分のセルが白くなったま

ま（会話量が少ないまま）になることがわかる。親しい人の席配置ごとにどのような会話量の推移になるかを検証することができる。

参考までに「シミュレーション2：立食型飲み会」のコードはGitHubにて公開しておく（ **URL** https://github.com/mirandora/ds_book/tree/main/6_1）。解説は「シミュレーション1：席固定の着席型飲み会」と重複する部分もあるため省略するが、シミュレーション1と異なる箇所を中心にコード中にコメントを記載しておく。

今後の課題・発展

本章では「親しい人」と「親しくない人」という2値の状態によるセル・オートマトンでシミュレーションを行った。

しかし本来、親しさは少し親しい人、かなり親しい人、などのようにバイナリではない連続値であると思われる。また飲み会前の親しさだけではなく当日のテンションも重要であると思われるため、その場の親しさを、「長期的な親しさ」+「当日のテンションマッチ度」で表現することが考えられる。

さらに複数人の会話においては役割分担のようなもの、例えば「ネタふり役」「進行役（テーブルを回す役）」「リアクション（聞き）役」などが存在すると思われる。

そのような組み合わせごとに個別のユニットルールを設けた上で、かつ席移動も考慮した動的なセル・オートマトン（といっていいのかわからないが）に拡張するとさらに考察は広がるだろう。

CHAPTER 7

飲み会の帰り道での孤立に、
ARシミュレーションで立ち向かう

私は何度も似た話をする。
全く同じ話をするということではなく、
微妙にチューニングしてより整理・洗練された話にして何度も話す。

だから私は、ある話題について、
もう誰かに話したから満足ということはないのだが、
誰に何を話したかわからなくなるという難点がある。
予防線としての「前話したかもしれないけど」が口癖だと自覚している。

そこで飲み会の帰り道だ。
お店から駅までの限られた時間であれば、
聞いてやるという協力的姿勢が得られやすいという点、
ほどよく酔っており別に話題なんか誰も期待していない点が、
何度目かの似た話をするときに最適だ。

問題はそもそも飲み会の帰り道に孤立して、
話す相手が見つからないことだ。

概要 分析 解説・課題

CHAPTER 7 飲み会の帰り道での孤立に、ARシミュレーションで立ち向かう

7.1 本章で紹介する内容について

本章で紹介する内容の初出について

- 2020年、ITmedia NEWSにて掲載
  (URL https://www.itmedia.co.jp/news/articles/2002/18/news008.html）

本章の実行環境とデータについて

- 3Dモデリング/アニメーション：Blender (2.81a)
- ゲーム制作：Unity (2020.3.5f1)
- 本稿のデータ
  (URL https://github.com/mirandora/ds_book/tree/main/7_1）

7.2 飲み会の帰り道での孤立に、ARシミュレーションで立ち向かう

飲み会の帰り道での孤立の謎

多くの人にとって、「飲み会でいかに孤立しないか」は重要なことだろう。前章で述べた通り、私は2015年に、飲み会で孤立しないための最適な席の選び方を考察した。

あれから5年……。

問題は解決されたかに思えた本件は、実はまだ大きな課題を残していた。それは「飲み会の帰り道での孤立」である。そこで今回は、飲み会の帰り道での孤立に、ARシミュレーションで立ち向かってみたい。

読者の方々は、飲み会の帰り道に図7.1のような経験をしたことはないだろうか。

図7.1：飲み会の帰り道での孤立

私はよくある。集団で歩行する場合、人は1列に横並び、縦並びになるわけではなく、道幅に応じて小グループに分かれることが多い。手際よく、帰り道で話す相手が決まればよいが、タイミングや話題に乗れず、どのグループの会話にも参加できなかった場合、居酒屋から駅に向かうまで、1人で過ごすには長い時間を耐え忍ぶことになる。残念なことに、飲み会中にそれな

りに会話ができた人でも、この事象はしばしば発生してしまう。

　人間は、練習することで多くのことを改善できるが、飲み会の帰り道で孤立しない練習をするには、多くの飲み会に参加しなければならず心理的にハードルが高い。

　そこで、スマートフォン用のARアプリを作成し、飲み会の帰り道をシミュレーションすることにした（図7.2）。

図7.2：飲み会の帰り道のARシミュレーション

飲み会の帰り道の会話量をシミュレーション

　シミュレーションに当たり、まずは会社の同僚をイメージした3Dモデルを作成した。実際の同僚は性別も年齢も性格も様々だが、今回は都合上、1人の代表的なタイプをモデリングし、中身のパラメータを変えることで様々なシチュエーションを再現することにした（図7.3）。

図7.3：同僚のモデリング

　アプリを立ち上げると、現実の環境を空間認識し、ARで飲み会帰りの同僚の3Dモデルが複数人表示される（図7.4）。

図7.4：ARで表示される同僚たち

　本シミュレーションは訓練用途のため、居酒屋から駅までの移動距離を100mほどと短めに想定し、その間で仮想的な帰り道を歩きながら、いかに同僚と会話できたかを記録していく。作成したシミュレーションの手順は以下の通りとなる。

- シミュレーションを開始すると、ARで複数の同僚が表示される
- 同僚はそれぞれ、ランダムにサブグループに分かれる
- プレイヤーはいずれかのサブグループ（あるいは1人）の同僚に近づき話しかける
- 誰とも会話しないと、徐々にメンタルが減少。同僚に話しかける際はメンタルを消費するが、会話が始まるとメンタル消費が止まる。メンタル消費量は、サブグループの人数によって異なる（多いほど気軽）
- サブグループの人数により、会話持続時間や発言確率は異なる。人数が少ないほど、上記2つの値のばらつきは大きい。つまり、あまり盛り上がらない人もいるが、うまくいけばずっと会話が持続する。一方、多人数のサブグループの場合、メンタル消費リスクは少ないが、総コミュニケーション量も少ない
- 会話が盛り上がらない場合、そのままだと孤立するため、会話に参加できるほかの同僚グループを探す必要がある
- 最終的に自分のメンタルが0になるか、駅までの距離が0mになるとシミュレーションが終了。総コミュニケーション量のほか、総会話人数などの結果が表示される（図7.5）

図7.5：シミュレーション終了画面

　今回、目的となる総コミュニケーション量、およびその計算に用いる発言確率は以下のように定義した。

- 総コミュニケーション量＝サブグループ人数×発言確率×会話時間
- 発言確率＝a／（サブグループ人数＋1）
  ※ただし、0＜a＜サブグループ人数＋1

　もし均等に発言機会があれば、発言確率は単純にそのときのサブグループに自分も含めた人数（サブグループ人数＋1）の逆数となる。しかし現実にはそうはならないため、自分の発言確率を調整するパラメータaをかけている（aの上限はサブグループ人数＋1、つまり発言確率100％であり、自分だけが話す状況となる）（図7.6）。

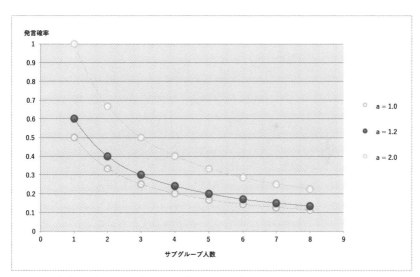

図7.6：サブグループ人数および発言確率パラメータaごとの発言確率

　発言確率パラメータaは、下記の通りテンションと相性の掛け合わせとした。

　　a＝テンション×その同僚との相性

　テンションはシミュレーションごと、会話ごとにランダムに決定されるが、その値の分散はサブグループ人数に依存するようにした（サブグループ人数が少ないほど分散が大きく、人数が多いほど分散が小さい）。一方、相性はシミュレーションごとに固定となる。テンションがブレる中で、いかに相性の良い同僚を探索できるかが1つの鍵となるようにした。

1年分の飲み会実践に匹敵するシミュレーション結果

　それでは、本環境で早速飲み会の帰り道をシミュレーションしていく。前述のARシミュレーションを、私が働いている東京都港区赤坂付近で行った。なお、シミュレーションの実施は、交通規則に十分気を付けて、通行人の邪魔にならないよう配慮した。50回のARシミュレーションによる結果は図7.7となる。

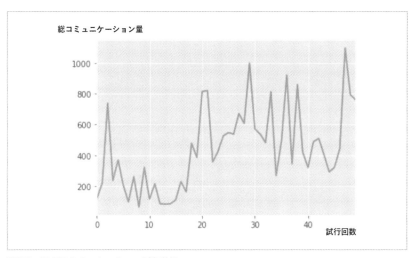

図7.7：50回のシミュレーション試行結果

　最初の10回の試行における総コミュニケーション量の平均は**264.1**だったが、最後の10回では**542.9**にまで増加した。総コミュニケーション量は前述の通り、会話人数や会話時間から算出したもので、およそ2倍のコミュニケーションをとれるようになったと考えることができる（表7.1）。

表7.1：50回のシミュレーション試行結果の要約

	総コミュニケーション量	会話人数	会話回数	メンタル消費	1会話当たりのコミュニケーション量	1人当たりのコミュニケーション量	1人当たりの会話人数
平均	441.0	3.1	6.7	88.5	61.5	199.0	2.8
標準偏差	265.2	1.5	2.1	19.0	23.7	221.4	2.2
最小	66	1	1	15	17	20	1
最大	1,096	6	10	100	111	1,096	10

　総コミュニケーション量と、各パラメータとの相関係数は図7.8のようになった。

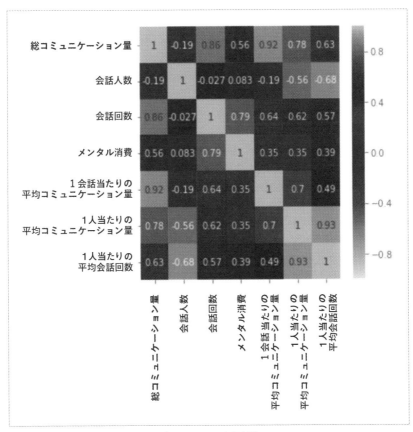

図7.8：総コミュニケーション量と各パラメータとの相関係数

　最も総コミュニケーション量と相関係数が高かったのは、1会話あたりの平均コミュニケーション量だった。すなわち、いかに相性が良い人を見付けることができたかが重要となる。一方、会話人数はむしろ負の相関があり、多くの人と話せばよいというわけではなさそうだ。詳細はのちほど考察する。

　本データの20%を test_data とし、残りの80%を4foldでクロスバリデーションして、機械学習アルゴリズムの1つである **Xgboost** を用いて総コミュニケーション量を予測するモデルを作成した。test_data に対する予測の平均RMSEは47.7となった。10回の試行における総コミュニケーション量の正解データと予測モデルによる予測値は（**図7.9**）となる。

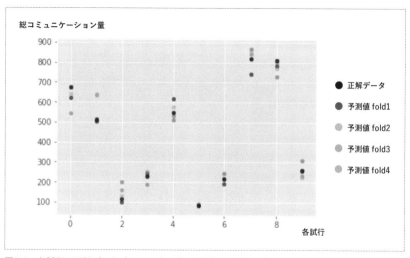

図7.9：各試行の正解データ（test_data）に対する、4foldごとの予測値

　このモデルにおいて、予測に重要とされたパラメータは**図7.10**となった。会話回数が最も予測に重要なパラメータであり、次いで1人当たりの平均コミュニケーション量、1人当たりの平均コミュニケーション量が続く。総コミュニケーション量と相関係数が低かった会話人数やメンタル消費、1人当たりの平均会話回数は、あまり重要ではないようだ。

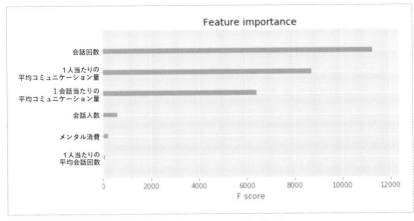

図7.10：Xgboostにおける総コミュニケーション量の予測の重要度

データサイエンスで導き出される
飲み会の帰り道の勝ちパターン

　以上の結果を踏まえて、ここからは、特に総コミュニケーション量が大きかったシミュレーションを参考に、勝ちパターンを考察する。

　最も重要なことは、最初に焦らずに全同僚の位置を把握することである。目の前の同僚にむやみに話しかけるよりも、確実に会話できそうなサブグループを探すことが重要だ（図7.11）。

　そして会話中に、話し終わった後の行動を考えておきたい。もし相性が良さそう（図7.11の画面で総コミュニケーション量の変化から推測できる）であれば続けて話しかけるべきだし、あまり相性が良くなさそうであれば、同じ同僚に固執せずに別のサブグループを探したい。

図7.11：焦らずに全同僚の位置を把握

　一方、コミュニケーション量が少なくなるのは、どのようなときだろうか。基本的には勝ちパターンの逆である。まず、位置の把握にこだわりすぎてチャレンジしないのは良くない。話しかけない時間はメンタルを消費するため、無駄な時間が多いと駅に着く前にメンタルがやられてしまう（図7.12）。とはいえ、同僚の位置関係を把握せずに、目の前の同僚に思考停止状態でアタックするのも良くない。総コミュニケーション量が低くなるのは、常に行動がワンパターンで負のループにはまっているときであった。

図7.12：駅に着く前にメンタルがやられるパターン

　いかがだろうか。50回のARシミュレーションは50回の飲み会の帰り道に相当するが、週1回のペースで飲み会に参加すると想定しても、私は1年分の経験値を得たことになる。もはや、先週の会社の飲み会の帰り道で孤立した私と同じだと思わないほうがいい。本記事の考察を参照いただき、誰も会社の飲み会の帰り道で孤立しない世界の実現を私は願う。

7.3 解説・今後の課題

iPhone/Android での AR アプリの開発

　AR アプリ開発用のフレームワークは、2019 年までは iOS 向けに「ARKit」、Android 向けに「ARCore」が提供されていた。しかし 2021 年現在、ARKit を用いた開発は廃止されており、新たに「AR Foundation」というフレームワークを用いて iOS/Android 向けのアプリを作成する方法が提供されている。AR アプリ開発フローおよびフレームワークは変化のスピードが速く、都度変更される可能性があることに留意されたい。本章では AR アプリ制作の流れを把握するための大きな流れを 2021 年現在の環境・コードで紹介する。都度必要に応じて「AR Foundation 公式サイト」（ URL https://unity.com/ja/unity/features/arfoundation）を参照されたい。

XCode と iOS の対応

　本稿では XCode および Unity を用いる。まだインストールしていない場合は XCode は App Store あるいは Apple の developer サイト（ URL https://developer.apple.com/download/more/）、Unity は公式サイト（ URL https://unity.com/ja）からダウンロードしておく。XCode はバージョンによって対応する iOS のバージョンが異なる（図 7.13）。

　開発したアプリケーションの挙動を手持ちのスマホで確認する場合、iOS のバージョンによって必要な XCode のバージョンが異なるため、developer サイトの対応表を確認して正しいバージョンをダウンロードしておく。

Xcodeのバージョン	最小OS要件	SDK	アーキテクチャ	OS	シミュレータ	Swift
Xcode 12.5 ベータ版	macOS Big Sur 11 (Apple Silicon搭載のMac)	iOS 14.5 macOS 11.3 tvOS 14.5 watchOS 7.4 DriverKit 20.4	x86_64 armv7 armv7s arm64 arm64e	iOS 9-14.5 iPadOS 13-14.5 macOS 10.9-11.3 tvOS 9-14.5 watchOS 2-7.4	iOS 10.3.1-14.5 tvOS 10.2-14.5 watchOS 3.2-7.4	Swift 4 Swift 4.2 Swift 5.4
Xcode 12.4	macOS Catalina 10.15.4 (IntelベースのMac) macOS Big Sur 11 (Apple Silicon搭載のMac)	iOS 14.4 macOS 11.1 tvOS 14.3 watchOS 7.2 DriverKit 20.2	x86_64 armv7 armv7s arm64 arm64e	iOS 9-14.4 iPadOS 13-14.4 macOS 10.9-11.1 tvOS 9-14.3 watchOS 2-7.2	iOS 10.3.1-14.4 tvOS 10.2-14.3 watchOS 3.2-7.2	Swift 4 Swift 4.2 Swift 5.3
Xcode 12.3	macOS Catalina 10.15.4 (IntelベースのMac) macOS Big Sur 11 (Apple Silicon搭載のMac)	iOS 14.3 macOS 11.3 tvOS 14.3 watchOS 7.2 DriverKit 20.2	x86_64 armv7 armv7s arm64 arm64e	iOS 9-14.3 iPadOS 13-14.3 macOS 10.9-11.1 tvOS 9-14.3 watchOS 2-7.2	iOS 10.3.1-14.3 tvOS 10.2-14.3 watchOS 3.2-7.2	Swift 4 Swift 4.2 Swift 5.3
Xcode 12.2	macOS Catalina 10.15.4 (IntelベースのMac) macOS Big Sur 11 (Appleシリコン搭載のMac)	iOS 14.2 macOS 11 tvOS 14.2 watchOS 7.1 DriverKit 20	x86_64 armv7 armv7s arm64 arm64e	iOS 9-14.2 iPadOS 13-14.2 macOS 10.9-11 tvOS 9-14.2 watchOS 2-7.1	iOS 10.3.1-14.2 tvOS 10.2-14.2 watchOS 3.2-7.1	Swift 4 Swift 4.2 Swift 5.3
Xcode 12.1	macOS Catalina 10.15.4 (IntelベースのMac) macOS Big Sur 11 (Appleシリコン搭載のMac)	iOS 14.1 macOS 10.15.6 tvOS 14 watchOS 7 DriverKit 19	x86_64 armv7 armv7s arm64 arm64e	iOS 9-14.1 iPadOS 13-14.1 macOS 10.9-11 tvOS 9-14 watchOS 2-7	iOS 10.3.1-14.1 tvOS 10.2-14.1 watchOS 2-7	Swift 4 Swift 4.2 Swift 5.3
Xcode 12	macOS Catalina 10.15.4 (IntelベースのMac)	iOS 14 macOS 10.15.6 tvOS 14 watchOS 7 DriverKit 19	x86_64 armv7 armv7s arm64 arm64e	iOS 9-14 iPadOS 13-14 macOS 10.6-10.15.6 tvOS 9-14 watchOS 2-7	iOS 10.3.1-14 tvOS 10.2-14 watchOS 3.2-7	Swift 4 Swift 4.2 Swift 5.3

図7.13：XCodeとiOSのバージョン対応表

Unityでの ARアプリケーション開発のための パッケージをインストール

　まずはUnityでのARアプリケーション開発に必要なパッケージをインストールする。新規で「3D」のプロジェクトでUnityを立ち上げ、上部メニューから「Window」（図7.14❶）→「Package Manager」❷を選択する。

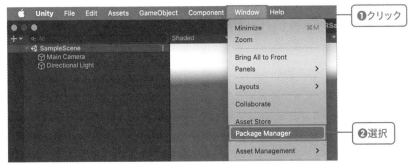

図7.14：Unity で Package Manager を選択

　まずウィンドウ左上の「+」の横の表示を確認し、「In Project」などになっている場合はクリックして「All packages」あるいは「Unity Registry」に切り替える（**図7.15❶**）。「Package Manager」の検索窓に「AR」と入力して❷、「AR Foundation」❸および、iOS向けの場合は「ARKit XR Plugin」❹（Android向けの場合は「ARCore XR Plugin」）を選択し、「Install」をクリックする❺。

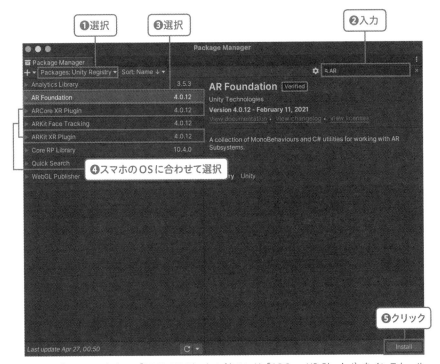

図7.15：「AR Foundation」「ARKit XR Plugin」（あるいは「ARCore XR Plugin」）をインストール

インストールが完了したら、「Assets」に「XR」フォルダ、「Packages」にそれぞれのパッケージが反映されていることを確認する（図7.16）。

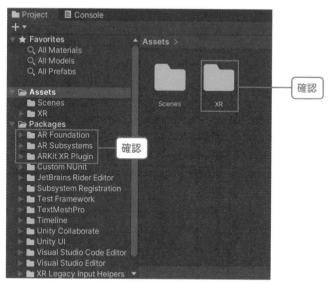

図7.16：インストール完了後のAssetsおよびPackages

ARアプリケーションに必要な要素の追加

次にARアプリケーションに必要な要素を追加していく。「Hierarchy」（図7.17）内の任意の箇所で右クリックあるいは「+」ボタンをクリックして❶、「XR」❷→「AR Session」❸および「AR Session Origin」❹を追加する。「AR Session」は、AR機能の基本的な要素である空間認識などを管理するためのものとなり、「AR Session Origin」はAR空間とUnity空間を適切にマッピングするためのスケールや回転の変換を行うためのものとなる。

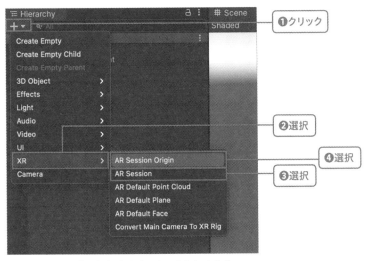

図7.17：AR SessionおよびAR Session Originを作成

さらに同様に「XR」→「AR Default Plane」を選択し作成した後、「Scene」にドラッグ＆ドロップし、Prefab（プレハブ）化する（図7.18）。もとの「AR Default Plane」は「Hierarchy」から削除しておく。

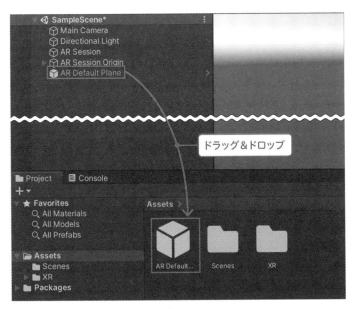

図7.18：AR Default PlaneのPrefab化

次に、「AR Session Origin」を選択し、「Inspector」から「Add Component」→「AR Plane Manager」を選択する。「Plane Prefab」は先ほどPrefab化した「AR Default Plane」を選択、「Detection Mode」は「Everything」から「Horizontal」（水平面）としておく（図7.19）（AR認識したい面に応じて「Vertical」（垂直面）、「Horizontal」（水平面）に変更）。

図7.19：AR Plane Managerの設定

さらに「AR Session Origin」を選択したまま「Inspector」から追加で「Add Component」→「AR Raycast Manager」を選択する（図7.20）。これはのちほどARで認識した平面のどこを画面上でタッチしたかの判定に必要となる。

図7.20：「AR Raycast Manager」を追加

Blenderからキャラクターアニメーションの追加

次にBlenderで作成したキャラクターアニメーションをUnityにインポートする。CHAPTER4で解説したようなBlenderでのアニメーション設定をした3Dモデルをfbxファイルとして書き出す。書き出したファイルをUnity上の「Assets」にドラッグ＆ドロップしてインポートする（図7.21）（あるいは画面上部のメニューの「Assets」→「Import New Assets」で該当のファイルを選択）。

図7.21：「Assets」にアニメーションを設定した3Dモデルをインポート

　インポートした3Dモデルを選択して、「Inspector」の「Animation」で、使用したいアニメーション箇所のフレームを「Start」と「End」で指定する（図7.22❶）。また「Loop Time」のチェックボックスにチェックを入れておく❷。

　これらの変更をしたら右下の「Apply」❸をクリックすることを忘れないようにしておく。もし複数のアニメーションを切り出す場合は、都度「+」をクリックして追加のアクション名と「Start」と「End」のフレームの指定および「Loop Time」のチェックを入れて、「Apply」をクリックする。

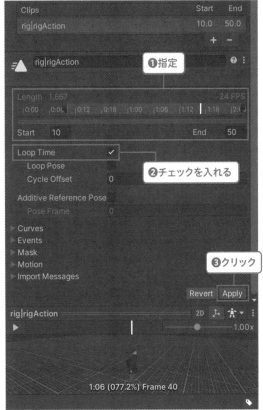

図7.22：Animationの開始・終了
　　　　フレームの指定

　ここで一度3Dモデルを「Scene」に配置して大きさや位置を確認し微調整する。次にこの3Dモデルのアニメーションを制御するためのコントローラーを作成する。

　「Project」の「+」をクリックして、「Animation Controller」を選択する。作成されたControllerを「HumanController」などの名前に変更する。「Scene」に配置した3Dモデルを選択し、「Add Component」で「Animator」を追加して、「Controller」の欄に作成した「HumanController」をドラッグ＆ドロップする（図7.23）。

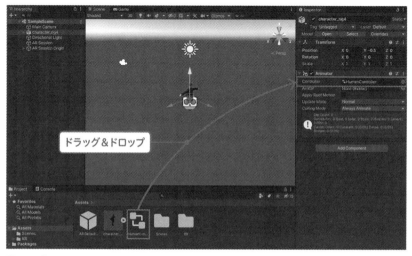

図7.23：「Animation Controller」を作成してAnimatorコンポーネントの「Controller」の欄にドラッグ＆ドロップ

　今度は「HumanController」の中身を設定していく。「Assets」で「Human Controller」をダブルクリックすると「Animator」画面が開く（図7.24）。そこで任意の位置で右クリックして❶、「Create State」❷→「Empty」を選択する❸。

図7.24：「HumanController」の中身を設定

　作成された「New State」を選択して「Inspector」の「Motion」の欄に「Assets」から3Dモデルを展開し（「Assets」で3Dモデルの「▶」をクリック）、目的のアニメーションを選択してドラッグ＆ドロップする（図7.25）。

　なお本書では複雑なアニメーション制御をしないため、Animation Controllerの役割がわかりづらいかもしれない。Animation Controllerを用いることで3Dモデルに複数のアニメーションを設定し、かつアニメーションの遷移条件を変数などを用いて条件付けすることができるため、プログラムによってアニメーションを切り替えることなどが可能になる。

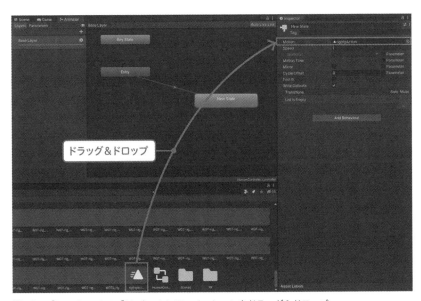

図7.25：「New State」の「Motion」にアニメーションをドラッグ＆ドロップ

　ここまでに作成したキャラクターモデルを「Hierarchy」から「Assets」にドラッグ＆ドロップする。もしもアラートが出たら「Original Prefab」を選択してPrefab化した後、「Hierarchy」からは削除しておく。

　最後にAR画面上での処理を記述していく。「Hierarchy」で「AR Session Origin」を選択し、「Inspector」で「Add Component」をクリック、「New script」を選択し、Nameを「ARCharacterController」などの名前にして「Create and Add」をクリックする。追加されたScriptのメニューをクリックして（図7.26❶）、「Edit Script」を選択し❷、エディタを立ち上げる。

図7.26：「ARCharacterController」というScriptを追加しメニューから「Edit Script」を選択

エディタが起動したら「ARCharacterController」に**リスト7.1**のプログラムを記述する。なお**リスト7.1**はUnity公式GitHubにおけるARFoundationのSampleプログラムを参考にした。画面のタッチを検知し、**ARRaycast Hit**によって画面をタッチした場所をAR平面上の位置に変換し、そこに3Dモデルを生成する。タッチされた後、3DモデルはAR空間上を少しずつ移動していくという処理となる。

リスト7.1 ARFoundationのSampleプログラムを参考にしたプログラム

```
using System.Collections.Generic;
using UnityEngine;
using UnityEngine.XR.ARFoundation;
using UnityEngine.XR.ARSubsystems;

[RequireComponent(typeof(ARRaycastManager))]
public class ARCharacterController : MonoBehaviour
{
    [SerializeField]
    GameObject m_PlacedPrefab;

    public GameObject placedPrefab
    {
        get { return m_PlacedPrefab; }
        set { m_PlacedPrefab = value; }
    }

    public GameObject spawnedObject { get; private set; }

    static List<ARRaycastHit> s_Hits = new List➡
<ARRaycastHit>();
    ARRaycastManager m_RaycastManager;

    bool objectsetFlag = false;

    void Awake()
    {
```

```
        m_RaycastManager = GetComponent➡
<ARRaycastManager>();
    }

    bool TryGetTouchPosition(out Vector2 touchPosition)
    {
        if (Input.touchCount > 0)
        {
            touchPosition = Input.GetTouch(0).position;
            return true;
        }

        touchPosition = default;
        return false;
    }

    void Update()
    {
        if (objectsetFlag)
        {
            Vector3 tmp_pos = spawnedObject.transform.➡
position;
            tmp_pos.z += 0.01f;

            spawnedObject.transform.LookAt(tmp_pos);
            spawnedObject.transform.position = tmp_pos;
        }

        if (!TryGetTouchPosition(out Vector2 ➡
touchPosition))
            return;

        if (m_RaycastManager.Raycast(touchPosition, ➡
s_Hits, TrackableType.PlaneWithinPolygon))
        {
            // Raycast hits are sorted by distance, ➡
```

```
so the first one
        // will be the closest hit.
        var hitPose = s_Hits[0].pose;

        if (spawnedObject == null)
        {
                spawnedObject = Instantiate➡
(m_PlacedPrefab, hitPose.position, hitPose.rotation);
        }
        else
        {
                spawnedObject.transform.position = ➡
hitPose.position;
        }

        objectsetFlag = true;
    }
  }
}
```

　リスト7.1のプログラムを保存したら、Unityの画面に戻る。図7.26の
「Inspector」ウィンドウ下部の「AR Character Controller(Script)」の欄に
「Placed Prefab」の欄ができているので、「Assets」からPrefab化した3D
モデルをドラッグ＆ドロップする（図7.27）。

図7.27：Placed PrefabにPrefab化した3Dモデルをドラッグ＆ドロップ

アプリケーションのスマホへの書き出し

　ここまでできたらスマホで動作確認をしてみる。Unity HubからUnityをイ
ンストールした際に、iOS Build Support（あるいはAndroid Build Support）

をインストールしていない場合、まずiOS（Android）書き出し用のモジュールをインストールしておく。

　Unity Hubのメニューから「インストール（Installs）」を選択して（図7.28❶）、使用しているバージョンのUnityの右上のメニューから「モジュールを加える（Add Modules）」をクリック❷、「iOS Build Support」（あるいは「Android Build Support」）を選択して❸、インストールする。

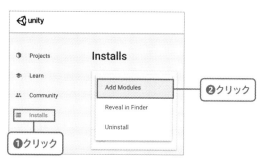

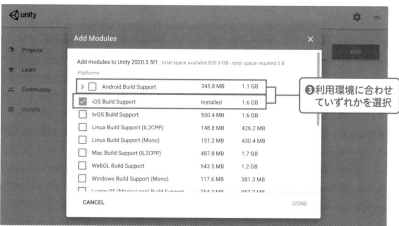

図7.28：Unity HubからiOS Build Support（あるいはAndroid BuildSupport）モジュールをインストール

　次にUnityの上部のメニューから「File」→「Build Settings」を選択する。ここからはiOSの例で記述する。Androidの場合は適宜iOSをAndroidと置き換え、バージョンはご自身の環境に適切なものを記述する。

　書き出し用のデバイスとしてデフォルトで「PC」が選択されているため、「iOS」を選択する。左下の「Player Settings」をクリックし、「Player」→

「Other Settings」において「Camera Usage Description」が空だとエラーになるため、任意の文字列を入力する（図7.29❶）。「Target minimum iOS Version」は「11.0」とする❷。

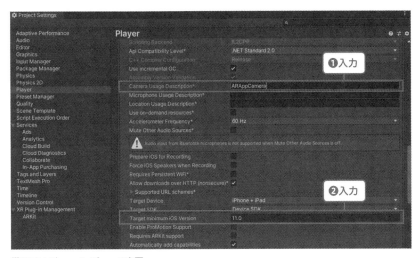

図7.29：Player Settingsの変更

また、「XR Plug-in Management」をクリックし（図7.30❶）、「Plug-in Providers」の「ARKit」のチェックボックスが選択されていない場合は、チェックを入れておく❷。

図7.30：「XR Plug-in Management」の「ARKit」のチェックボックスにチェックを入れる

変更後「Player Settings」を閉じ、「Build Setting」の右下の「Switch Platform」をクリックしたのち、「Build and Run」を実行する。ここでプロジェクトを作成した「root」ディレクトリではBuildができないため適当なフォルダを作成し選択する。

しばらくしたのち、自動でXCodeが立ち上がる。このタイミングでスマホとPCを接続する。もしスマホ接続時に「このPCを信頼するか」のメッセージが表示されたら「信頼」をタップする。XCodeの画面上部「Any iOS Device(arm64)」をクリックして（図7.31）、自分のスマホを選択して切り替える（もしPCとスマホを接続してもスマホ名が表示されない場合、接続し直す）。

図7.31：XCodeの書き出し先を自身のスマホに切り替える

その後「▶」をクリックして、Buildを実行すると「Code Signing Error」が出る（図7.32）。

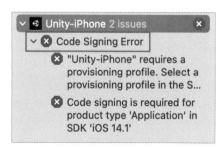

図7.32：XCodeのBuildで「Code Signing Error」が表示

図7.32のエラー表示をクリックするか「Unity-iPhone project」をクリックすると、図7.33の画面に遷移する。

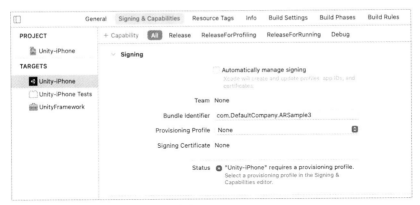

図7.33：XCodeでUnity-iPhoneの設定を表示

「Signing & Capabilities」の「All」を選択し（図7.34❶）、「Automatically manage signing」にチェックを入れる❷、Teamが「none」となっているため自身のApple Developer開発アカウントを選択する❸。もしApple Developer登録がまだの場合、公式サイト（ URL https://developer.apple.com/jp/programs/）から登録しておく。もし検証をやり直す場合などは、「Bundle Identifier」に異なる名前を設定する❹。

図7.34：「Automatically manage signing」にチェックを入れて、
　　　　Teamを自身のApple Developerアカウントに変更

　以上の変更の上、再度XCodeで「▶」をクリックしてBuildを実行するとスマホにアプリがインストールされ自動で立ち上がる。平面が認識された後、その平面をクリックすると3Dモデルが表示されAR空間上を歩き出す（図7.35）。

図7.35：ARアプリ上での平面認識および3Dモデルの表示

　もしアプリの書き出しなどでエラーとなった場合はXCodeとiOSのバージョンの対応や「Signing & Capabilities」の変更漏れがないか見直す。初回アプリインストール時はApp開発元の信頼の設定が必要な場合がある。iOSのバージョンによって手順が異なる可能性があるが現時点でiOS14においては、iPhoneにて「設定」→「一般」→「プロファイル」を選択し、表示されたデベロッパーをクリックする（URL https://support.apple.com/ja-jp/HT204460）。本稿ではAR上でキャラクターを複数人配置したり、初期位置をコントロールしたりカメラ位置（つまりスマホユーザ）とARキャラクター位置の距離によって得点を与えるなどの処理を追加している。Unity公式のGitHub（URL https://github.com/Unity-Technologies/

arfoundation-samples）には様々なARアプリケーションのサンプルがある（図7.36）。AR機能の実装の学習を進めるにあたり都度それらを参照されたい。

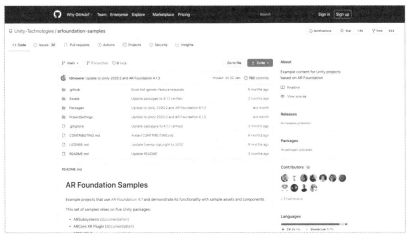

図7.36：Unity公式GitHubのAR Foundationのサンプル

今後の課題・発展

　本稿では、飲み会の帰り道での人数・距離は一定にした。しかし帰り道の人数が5人の場合と9人の場合では会話サブグループの数が異なるため、孤立しないための動き方は大きく異なる。また帰り道の距離によって、どの程度の頻度で話し相手を切り替えるかなどメンタル管理の戦略も異なってくるだろう。そこでより実践的なARアプリにするためには、今後実際に予定されている自身の飲み会の人数・駅までの距離を入力することでさらに環境に即した予行をすることができる。また本シミュレーションでは自分以外は能動的に会話グループを変えない設定になっているが、現実では全員がダイナミックに会話グループを移動する。せっかく帰り道に話が盛り上がる人を見つけたと思っても、他の人にカットインされていつしか自分が会話グループを外れる経験は誰もがしたことがあるだろう。各同僚にも能動的な会話グループの移動を設定する、あるいは、複数人同時プレイモードを搭載し、対戦あるいは協力しながら全体の会話量を増加させ、誰も孤立しないことを目指すモードの取り組みは、新たな帰り道の立ち回りの考察を生むだろう。

CHAPTER 8

「満員電車で快適に過ごすための動き方」を物理シミュレーションで解き明かす

適切なタイミングで会話を切り上げることが苦手だ。
例えば駅のホームで誰かといる場面で、
自分だけが乗車する電車が近づいてきたとする。
早く話題を切り上げすぎると、
気まずい間とミーニングレスな言葉の応酬が生じてしまう。
逆に、乗車直前まで盛り上がると中途半端なところで会話が中断しがちだ。
同じような問題は誰かと同乗している電車内でも立ち上がる。
自分の降車駅が近づいてきたとき、電車が停止したとき、ドアが開いたとき、
どのタイミングで別れの挨拶を告げることが
最もスマートなのだろうか。

先日、駅のホームで1人で電車を待っているときに、
見知らぬビジネスマンが完璧と思えるタイミングで、
ご一緒していた人との会話を切り上げ電車に乗車した際は、
一級のプロアスリートの試合を観たような高揚感があり、
詳細な解説を加えてYouTubeにアップしたくなった。

かくも電車にまつわるムーブは奥が深い。

8.1 本章で紹介する内容について

本章で紹介する内容の初出について

- 2019年、ITmedia NEWS にて掲載
  （ URL https://www.itmedia.co.jp/news/articles/1905/22/news005.html）

本章の実行環境とデータについて

- 3Dモデリング/アニメーション：Blender (2.81a)
- 物理シミュレーション：Unity (2019.3.13f1)
- 本稿のデータ
  （ URL https://github.com/mirandora/ds_book/tree/main/8_1）

「満員電車で快適に過ごすための動き方」を物理シミュレーションで解き明かす

8.2

満員電車で行うべき最適なラインコントロール

　年度や期の変わり目には新しい職場、新しい部署、新しい環境で生活を始める人が多いだろう。新しい環境で気を付けるべきこと、その1つが生活圏の路線の混雑率だ。特に新社会人は「満員電車」の洗礼に気を付けたい。感染症対策としてテレワークや時差出勤が推奨される世の中にはなったものの、依然、特定路線では朝や夕方の特定時間帯における電車はかなりの乗車率となる。

　熟練の社会人たちは長年の経験から混雑した電車内において瞬時に人の流れを察知し、うまく乗降者のラインコントロールを行い不用意に人とぶつかることを避けることができる。しかし、満員電車に慣れていない人たちが多いとポジショニングが難しかったり、動き出しのタイミングをつかめなかったりするため、乗客同士の衝突が生じ、"お客さま同士のトラブル"による電車遅延が発生することになりかねない。

　そこで本稿では、3D物理シミュレーションを駆使して混雑時の人の流れを再現し（図8.1）、電車内の"総衝突回数"（電車内の乗客全員の衝突回数の

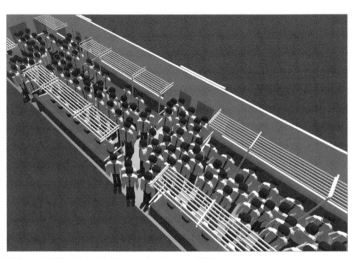

図8.1：満員電車を3D物理シミュレーションで再現

総数）や"平均降車時間"が短くなるような、乗客の理想の動き方を分析する。本稿のシミュレーション結果を参考に、少しでも快適な通学・通勤をする人が増えることを望む。なお、ここでは混雑緩和のための施策は言及しない。その点は筆者ではなく、しかるべき立場の方々が真剣に議論・対策を検討しているはずである。

都心に向かう電車の前提条件

　本シミュレーションでは都心に向かう電車を想定する。車両は4ドア（1車両当たり8つのドア）で、座席数は両端の3人掛け優先席、ドアとドアの間にある7人掛け席の計54席とする（図8.2）。

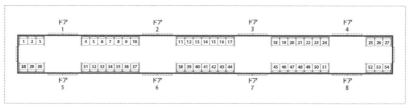

図8.2：本シミュレーションで使用する車両

　次に満員電車での人の動きを再現するため、混雑率が190％になるように人を配置する。想定するのは「1車両当たりの定員が135人程度で座席（54席）は満席、なおかつ立っている人が209人いる」という状態だ。なお車両サイズと定員は各電鉄会社が仕様を公開している。また混雑率は、国土交通省が主要路線における最混雑時間帯1時間の平均混雑率の調査結果を発表している（ただし、コロナ流行以前の2019年時点のデータを参照している点に留意されたい）。本記事のモデルは特定路線をそのまま再現したものではないが、上記のデータを参考にした。

　これらを前提に独自にビジネスマンおよび電車を3Dモデリングし、様々な条件で人の動きをプログラミングのうえ物理シミュレーションを行った（図8.3、図8.4）。なお、満員電車の乗客はビジネスマンに限らないが今回の分析では人の違いに重点を置いていないため、モデリングを簡易化するためビジネスマンを3Dモデルに用いた（すなわち筆者の分身である）。

図8.3：本シミュレーション環境のモデリング①

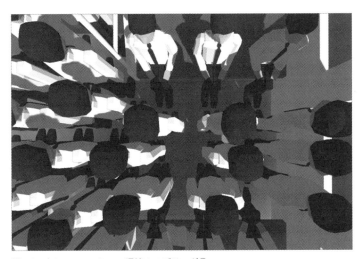

図8.4：本シミュレーション環境のモデリング②

降車人数ごとの総衝突回数と平均降車時間

　まずは、満員車両で乗客が特に能動的には動かない環境において、1人の乗客が降車する際の総衝突回数・降車時間をシミュレーションした（図8.5）。10回試行したときの平均は総衝突回数1044回、平均降車時間26.1

秒となった。本シミュレーションにおける"衝突"は、連続した1回1回の接触を別のものとしてカウントしているため、あくまで相対的な目安としてほしい。降車に26.1秒かかるようでは、電車内の客がホームへ出る前に、駅で待っていた客が新たに乗車してくる可能性が高いだろう。結果、1駅当たりのスムーズな発着を妨げることになる。

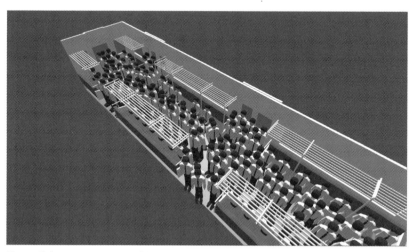

図8.5：降車シミュレーションの様子

　これが2人同時に降りる場合だと、どのように変化するのだろうか。同じく10回試行したときの平均は、総衝突回数1377回、平均降車時間19.3秒となった。総衝突回数は、同時に降車する人数が増えたことで増加したが、平均降車時間は短くなった。その理由は、降車が2人になったことでドアまでのルートに立っている乗客を空きスペースに寄せやすくなったことと、先に降りた客が通ったことでできた隙間で2人目の乗客がスムーズに降車できたからだ。

　さらに、3人同時に降りる場合の10回試行平均は、総衝突回数1758回、平均降車時間18.5秒となった。なお、参考までに3人目以降の降車において、別のドアを利用する場合も想定したが、今回の車両サイズではお互いのドア付近の人の動きにそれぞれの人の流れの干渉は起きず、1人降車の場合と同じような結果となった。ちなみに、総衝突回数は2117回、平均降車時間は25.6秒だった。

ポジションごとの降車協力の判断

　1人から2人、3人の降車になることで平均降車時間が下がったものの、総衝突回数が増加していることはトラブルの原因になりかねず、マナー的にも問題になる。そこで、この総衝突回数をできるだけ減らしつつ、かつスムーズな降車が完了するように、各乗客が能動的に動く状態を想定する。具体的には、下記のような5つの状況を想定した。

（1）ドア前の乗客のみが降車して道をゆずる場合
（2）ドア前から車両幅の半分ほどの乗客が降車して道をゆずる場合
（3）ドア前から反対座席近くまでの乗客が降車して道をゆずる場合
（4）ドア前の乗客がすべて降車して道をゆずる場合
（5）（3）に加えて、降りる人付近の人も降車して道をゆずる場合

降車する人の範囲を図で表すと、図8.6のようになる。

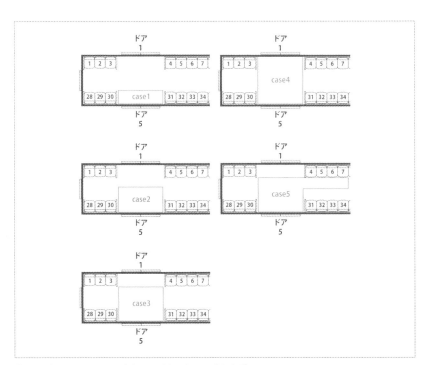

図8.6：各ケースにおける降車する乗客のために道をゆずるエリア

　各ケースおける降車人数ごとの衝突回数・平均降車時間は表8.1の通りとなった。

表8.1：各ケースごとの降車人数別の衝突回数・平均降車時間

	1人降車		2人降車		3人降車	
	総衝突回数	平均降車時間（秒）	総衝突回数	平均降車時間（秒）	総衝突回数	平均降車時間（秒）
(0) デフォルト	1,044	26.2	1,370	19.3	1,758	18.5
(1) ドア前のドア付近のみの乗客が降車	976	19.1	1,173	15.6	1,469	15.5
(2) ドア前の列車半分ほどの乗客が降車	547	9.0	860	9.3	1,086	8.2
(3) ドア前の反対座席近くまでの乗客が降車	1,011	5.7	1,031	5.6	1,137	5.7
(4) ドア前の乗客がすべて降車	1,456	6.1	1,504	6.4	1,629	6.6
(5) (3) に加え降りる人付近の人も降車	1,155	5.7	1,139	5.9	1,195	6.2

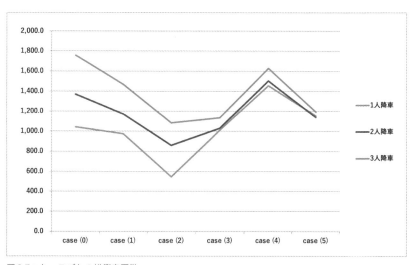

図8.7：ケースごとの総衝突回数

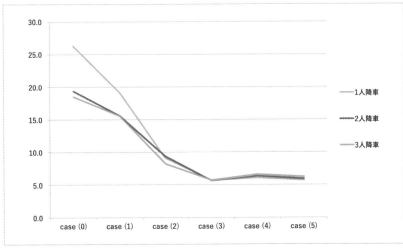

図8.8：ケースごとの平均降車時間（秒）

（2）までは総衝突回数、平均降車時間ともに減少している（図8.7、図8.8）。混雑している列車においては、少なくともドア前にいる車両幅半分程度の乗客が一度降車して道をゆずることが、結果的にはスムーズな発着につながると思われる（図8.9）。道をゆずるためにいったん降車した客が再度乗車する時間を考慮するとしても、平均降車時間が26.2秒から9.0秒に減少すれば十分だろう。

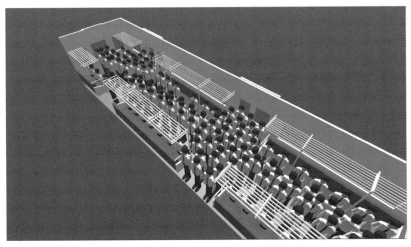

図8.9：ドア前にいる乗客が一度降車して道をゆずるパターン（画面左奥）

　（2）から（3）に条件を変える場合は注意が必要だ。平均降車時間は減少するものの、総衝突回数は増加している。道をゆずるために降りる人が多すぎると逆に不要な衝突が発生することになりかねない。平均降車時間の下がり幅も3.3秒にとどまるため、再乗車の時間を加味すると、降車時間短縮効果があるか微妙なラインである。

　（4）は総衝突回数、平均降車時間ともに増加しており、明らかに過剰に降りすぎていると言える。（2）と（5）は、（2）と（3）を比べたときと同様に平均降車時間は減少しているものの、総衝突回数は増加している。混雑している車内という前提ではあるが、ドアから離れた位置の乗客は降りるのではなく、むしろ体を寄せることで道を空けるなどのほうが効果的と思われる。実際、10回の検証の中でもたまたま降車時間が短くなったのは、降りる乗客に合わせて周りの乗客が体を引くような形となったときだった。

　そこで、ここからは（3）の3人降車する場合をベースとして、さらに細かい条件分けによって総衝突回数、平均降車時間を抑えることができる動き方を模索する。

さらなる乗客の動き方の改善

　ここまでのシミュレーションは、すべての乗客が同時に行動を開始していた。よって、降車客がいないドア付近の客も無条件に降車していた。そこで（3）の条件を変更し、「2秒判断した後、もし降車客がいる場合はそのドア付近の乗客が降車」する場合を、もとの条件（3a）に対して、（3b）とする。

　しかし、ドア前すぐの客は降車客がいるかいないかによらず、いったんは降車してもよいのではないかという考えがよぎる。そこで、「ドア前すぐの人はとりあえず無条件で降車し、それ以外の客は2秒判断の後、もし降車客がいる場合はそのドア付近の乗客が降車」する場合を（3c）とする。この段階的に降車する動きは、昼下がりに荷馬車がゆっくり進行する様子を連想させることから"ドナドナ"と名付けることにする。

　また先述の通り、ドア前すぐの客はともかく、中程に乗車している人は降車せずともサイドに寄ることで、よりスムーズな降車の助けになることが想定される。そこで「ドア前すぐの人はとりあえず無条件で降車し、それ以外の客は2秒判断の後、もし降車客がいる場合はサイドに寄って道を空ける」場合を（3d）とする。この動きは降車客に合わせて海を二分するように道が

開けるさまから、"モーゼ"と名付けることにする（図8.10、図8.11）。

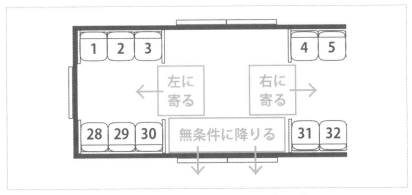

図8.10：降車客がいる場合はサイドに寄って道を開ける動き方：「モーゼ」

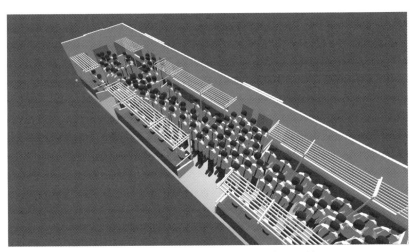

図8.11：「モーゼ」の動き方をしているシミュレーションの様子（画面左奥）

　（3d）"モーゼ"では、左右に分かれて道を空けたが、開くドアと反対方向のドア近くの乗客は、サイドではなく後方に寄ることで、よりスムーズに降車客が通るスペースを作ることができると思われる。そこで「ドア前すぐの人はとりあえず無条件で降車し、それ以外の客は2秒判断の後、もし降車客がいる場合はサイドあるいは後方に寄って道を空ける」場合を（3e）とする。

これは、電車の中程を中心として円形に広がるようであるさまから、"マイムマイム"と名付ける（図8.12、図8.13）。

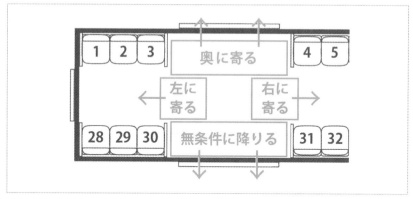

図8.12：降車客がいる場合はサイドあるいは後方に寄って道を空ける動き方：「マイムマイム」

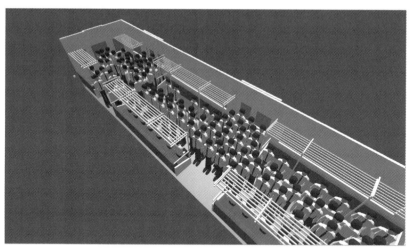

図8.13：「マイムマイム」の動き方をしているシミュレーションの様子（画面左奥）

　以上の結果をまとめたものが表8.2となる。

表8.2：(3) のバリエーションごとの衝突回数・平均降車時間

	3人降車		能動的に乗客が動かない場合との比較	
	衝突回数	平均降車時間（秒）	衝突回数	平均降車時間
(3a)	1,137	5.7	64.7%	30.7%
(3b)	835	7.5	47.5%	40.6%
(3c)	778	7.1	44.3%	38.4%
(3d)	769	6.8	43.8%	37.1%
(3e)	776	6.5	44.2%	35.2%

　(3a) の段階で、すでに能動的に乗客が動かない場合と比較して、衝突回数を64.7％、降車時間を30.7％に抑えることができているが、追加で検討した動き（3b）〜（3e）では、軒並み衝突回数を抑えることができており、特に（3d）モーゼでは、衝突回数を43.8％まで引き下げることができている。平均降車時間は、（3a）と比較して、（3b）〜（3e）は降車客がいるか判断してからの動きがあるためやや長くなっている。それでも（3a）と比較して（3d）モーゼや（3e）マイムマイムの降車時間は1秒程度の違いであり、衝突回数の削減効果と照らし合わせれば、モーゼやマイムマイムのほうが好ましいと思われる。

　以上、満員電車での人の動きのシミュレーションを通して、総衝突回数、降車時間を計測し、スムーズな降車のための乗客の動きのパターンを分析した。また、それによって電車内の乗客が他の降車客のためのスペースを確保するために車両内のゾーンごとに求められるポジショニングや動き方を考察した。全体の衝突回数削減（すなわち満員電車での快適な乗車）のためには、各人が自らの電車内のポジションに合った役割をしっかり果たすことが重要である。周囲と車両内を俯瞰的に見て、状況に合わせて自分も動くことを電車利用者は心掛けたい。年配のビジネスマンの熟練の身のこなしを観察すると参考になるだろう。シミュレーションで明らかになった乗客の最適な動きは、自分だけの快適さの追求や乗降のみに気をとられる行動とは真逆の、他の乗客を思いやる心の余裕に基づくものにほかならない。時間と心にゆとりを持って快適な電車ライフを送ってほしい。

8.3 解説・今後の課題

Unityにおける物理演算

　Unityでオブジェクト間の物理演算を行うためには、オブジェクトに「Rigidbody」と「Collider」を設定する。

　準備として、はじめにUnityで新規3Dモードのプロジェクトを立ち上げたら、「Hierarchy」から「3D Object」→「Plane」を選択して平面を作成し、画面右の「Inspector」でScaleを「x:10 y:10 z:10」としておく。次に人物の3Dモデルデータを読み込む。該当のデータを「Assets」にドラッグ＆ドロップした後、平面の上に人物モデルを配置する（図8.14）。

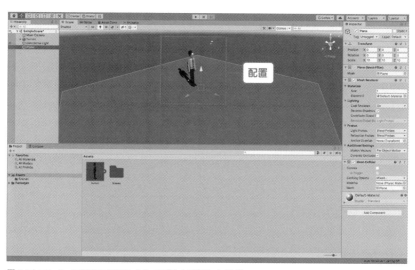

図8.14：Unityの画面に平面と人物モデルを配置した状態

　次に「Hierarchy」から人物モデルを選択して、「Inspector」から「Add Component」をクリックし、物理演算のための質量や力の影響を受ける方向などの設定を行う「Rigidbody」と、衝突範囲を設定する「Box Collider」をそれぞれ追加する。

　Colliderにおいて「Edit Collider」をクリックすると、画面に人物モデル

の衝突判定を行う範囲が緑の立方体として表示される（図8.15）。画面を見ながら人物モデル全体を覆うように微調整する。

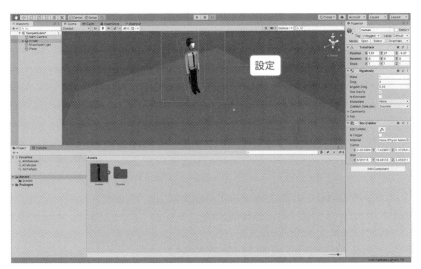

図8.15：Box Colliderにおける衝突判定範囲の微調整

　ここまでできたら、一度人物モデルを地面から少し浮かせた位置に移動させて画面中央上の「▶」をクリックして再生する。Rigidbody、Box Colliderが設定されていない状態では人物モデルが地面をすり抜けるが、設定後は地面で着地するようになる。比較としてそれぞれを見比べておく。

　RigidbodyとBox Colliderを設定した人物モデルを一度Prefab化しておく。「Hierarchy」から人物モデルを「Assets」にドラッグ＆ドロップしてPrefab化する（図8.16）。メッセージが表示されたら「Create New Prefab」をクリックする。もとの人物モデルは削除し、再び「Assets」からPrefab化した人物モデルを画面上に複数配置しておく。

　なお本章のシミュレーションではプログラム上でオブジェクトの生成・配置を行っているが、ここでは簡単のため手動で配置しておく。この後の衝突判定の様子を見るためには、密集した状態である程度の数を配置しておくほうが動作確認しやすい。

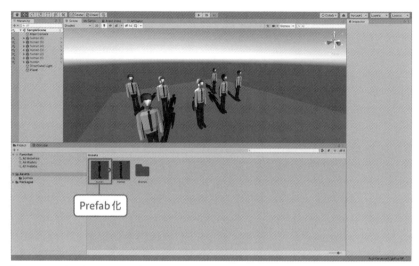

図8.16：Prefab化した人物モデルを複数配置

Unityにおける衝突判定

複数配置した人物モデルのうち、1人をランダムに動かして、もし他の人物モデルに衝突したら衝突回数をインクリメントしていくプログラムを生成する。適当な人物のモデルを選択し、「Inspector」から「Add Component」→「New Script」をクリックし、「NewBehaviorScript」という名前のScriptファイルを作成し割り当てる。

まずはランダムに人物モデルを動かすプログラムを記述する。これはSECTION5.3の解説と同様、リスト8.1のようになる。ただし3DモデルのScaleに合わせて動く幅を調整している。この動き幅は適宜読み込んだ人物モデルの大きさに合わせて微調整する。

リスト8.1　ランダムに人物モデルを動かす実装

```
using System.Collections;
using System.Collections.Generic;
using UnityEngine;

public class NewBehaviourScript : MonoBehaviour
{
```

```
    // Start is called before the first frame update
    void Start()
    {


    }


    // Update is called once per frame
    void Update()
    {
        float random_move = Random.value;

        if (random_move < 0.25f)
        {
            transform.Translate(0f, 0f, 1.0f);
        }
        else if ((0.25f <= random_move) && (random_move ➡
    < 0.5f))
        {
            transform.Translate(0f, 0f, -1.0f);
        }
        else if ((0.5f <= random_move) && (random_move ➡
    < 0.75f))
        {
            transform.Translate(-1.0f, 0f, 0f);
        }
        else
        {
            transform.Translate(1.0f, 0f, 0f);
        }
    }
}
```

　この状態で一度再生してみる。おそらく人物モデル同士が衝突するたびに
回転しながら吹き飛んでいくのではないだろうか（図8.17）。これはこれで
シュールで面白いが、本稿で意図しているシミュレーション結果とは異な
る。そこで衝突における回転方向を制御する。

図8.17：衝突のたびに派手に回転しながら吹き飛んでいく人物モデルたち

「Assets」でPrefab元の人物モデルを選択し、「Inspector」の「Rigidbody」内の「Constraints」で、「Freeze Rotation」の「X」と「Z」のチェックボックスにチェックを入れる（図8.18）。これにより衝突時にY軸方向以外には回転しないようになる（図8.19）。

チェックを入れる

図8.18：「Rigidbody」の「Constraints」で
Y軸方向以外に回転しないように設定

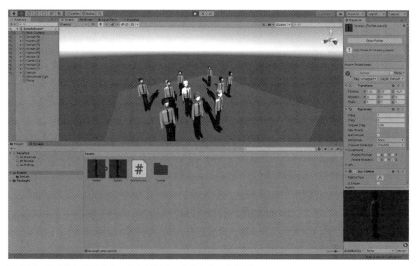

図8.19：衝突時にY軸方向のみに回転するようになった様子

　最後に先ほどのScriptに衝突判定および衝突時の処理を加えておく（リスト8.2）。衝突判定は`OnCollisionEnter(Collision collision)`で行うことができる。引数の`collision`を用いることで`collision.gameObject.name`として衝突オブジェクトの名前を得ることができる。本シミュレーションでは人物モデルの衝突のみをカウントしたいため、「衝突相手が人物モデルの場合」あるいは「衝突がPlane（地面）ではない場合」などの条件を加えることで人物モデルとの衝突をカウントできる（図8.20）。

リスト8.2　衝突判定および衝突時の処理を実装

```
using System.Collections;
using System.Collections.Generic;
using UnityEngine;

public class NewBehaviourScript : MonoBehaviour
{
    int collision_ct = 0;
    void OnCollisionEnter(Collision collision)
    {
        if (collision.gameObject.name != "Plane"){
```

追加した箇所

```
            collision_ct++;
            Debug.Log("衝突回数：" + collision_ct);
        }
    }

    // Start is called before the first frame update
    void Start()
    {

    }

    // Update is called once per frame
    void Update()
    {
        float random_move = Random.value;

        if (random_move < 0.25f)
        {
            transform.Translate(0f, 0f, 1.0f);
        }
        else if ((0.25f <= random_move) && (random_move ➡
< 0.5f))
        {
            transform.Translate(0f, 0f, -1.0f);
        }
        else if ((0.5f <= random_move) && (random_move ➡
< 0.75f))
        {
            transform.Translate(-1.0f, 0f, 0f);
        }
        else
        {
            transform.Translate(1.0f, 0f, 0f);
        }
    }
}
```

追加した箇所

図8.20：画面下部のConsoleに衝突回数を表示

今後の課題・発展

　本稿SECTION8.2では、ある都内の路線を想定した単一環境でのシミュレーションを行った。今後の発展として路線や時間帯ごとに異なる混雑率、車両によるシミュレーション結果の比較が考えられる。それらを地図上に可視化することは興味深い結果となるだろう。また、コロナの影響で在宅ワークや時差出勤が推奨されるようになったことで2020年以前・以後で各路線の混雑率に変化が見られると思われる。

　テレワークによってもたらされた総衝突回数や平均乗降時間の変化を考察することも意義深いだろう。衝突回数や乗降時間の目標数値を決めて、それを達成するために各時間帯何人の乗客人数を目指すべきか（分散乗車を促すべきか）なども社会全体の行動としての1つの目安になると思われる。

CHAPTER 9

すべての孤独に悟りと
データサイエンスで立ち向かう

私には、ここぞというときに心の中で唱えるマントラがいくつかある。
マントラとは祈りの言葉のようなことと思ってもらえばよい。
それは、歌のワンフレーズだったり、小説のセリフだったり、
誰かの金言だったり、広告のコピーだったり、様々だ。

唱えるときは大体ピンチ、それもかなり切羽詰まったときなのだが、考えても
仕方がないことを考え続けるよりはマントラを唱えるほうが気が楽になり事態
が好転しやすい。

唱えるマントラの中で弘法大師・空海の好きな一節がある。

径路未だ知らず。岐に臨んで幾たびか泣く。

"仏の境地を目指して努力しているが、そこに至る道がわからず何度も泣いた。"
という意味である。

萌える。萌えるし燃える。やってやろうという気持ちになる。

そういうわけで、私が切羽詰まっているときに
口をパクパクしていたとしても、
マントラを唱えているだけで
心は冷静なので安心してほしい。

9.1 本章で紹介する内容について

本章で紹介する内容の初出について

- 本書書き下ろし

本章の実行環境とデータについて

- 脳波計測：muse
- GPS計測：fitbit
- 表情撮影：THETA
- 呼吸計測：spire
- 天候データ：amedas
- 分析環境：Python（3.9.2）
- 本稿で使用しているPythonパッケージおよび各バージョン
  - matplotlib（3.4.1）
  - seaborn（0.11.1）
  - pandas（1.2.4）
  - beautifulsoup4（4.9.3）
  - lightgbm（3.2.1）
- 本稿のデータ
  （ URL https://github.com/mirandora/ds_book/tree/main/9_1）

9.2 すべての孤独に悟りとデータサイエンスで立ち向かう

孤独とは避けるべきものなのだろうか

　これまで「チャットの既読スルー」や、「街中における同僚との遭遇」、「飲み会および飲み会の帰り道での孤立」など、様々な問題を考察してきた。しかし場当たり的に日常の孤独に立ち向かっていては、いつまでも悩みは解決されない。そもそも孤独とは避けるべきものなのだろうか。人間関係に限らず、すべてにおいて「足りないこと」も「満たされること」も超越し、精神の"常"を保つことを目指すべきではないだろうか。そう、必要なのは"悟り"だったのだ。

　そこで本章では私自ら"四国八十八ケ所巡り"、いわゆる四国遍路を行い、その道中の身体データを解析することを通して悟りに至るための示唆を解析していく（図9.1）。

図9.1：お遍路（一番札所・霊山寺）
写真　篠田 裕之 撮影

ジャージにテント泊でお遍路道を行く

　"四国八十八ケ所巡り"（四国遍路）とは、弘法大師・空海が若かりし頃に、四国で修行した行程を辿るものである（図9.2）。お遍路中の修行者は"お遍路さん"と呼ばれる。徳島県の1番札所・霊山寺から、香川の88番札所・大窪寺まで辿り、結願となる。1番札所から順に巡ることを"順打ち"、88番寺から逆に巡ることを"逆打ち"と言う。

　菅笠・白衣に輪袈裟をつけた格好、および金剛杖が正装であり、一目でお遍路さんとわかることから交流のきっかけになりやすい。ただし私はできるだけ荷物を減らすことと動きやすさを優先しジャージで歩いた。

図9.2：弘法大師・空海の修行の軌跡を辿るお遍路。道中は空海の銅像をよく目にする
　写真 篠田 裕之 撮影

　近年は道路の整備が進み、公共交通機関を利用したり自転車でお遍路したりと、それぞれの事情に合わせた様々な参拝スタイルがあるが、特に1200kmほどにおよぶすべての行程を歩きのみで完遂することは"歩き遍路"と呼ばれる。本稿では歩き遍路を行う。ただし1200kmを一度に巡礼するには1～2週間の休みでは足らず都内の会社員である私には困難なため、都度中断しながら歩く"区切り打ち"を行った。中断から再開する場合はできるだけ正確に中断箇所まで移動し、そこから続きの歩き遍路をすることとした。

　歩き遍路では、昔ながらのお遍路道を示す「遍路道」の目印をもとに歩く（図9.3）。四国ではいたるところでこの目印を目にする。道中は最短距離を行くのではなく、できるだけ遍路道を利用した。そのためときには険しい山道を歩くことになる。

図9.3：「遍路道」を示す目印
（写真）篠田 裕之 撮影

　宿泊はお遍路宿や民宿などを利用することが多い。基本的にもとの宿泊場所には戻らず、次のお寺・宿泊所を目指して全荷物を持って移動することになる。お寺の納経所が通常7〜17時までしか開いていない（御朱印がもらえない）ことや暗い中での山道の移動は危険なため、1日でどこまで移動するかのスケジュールが重要となる。道中の区切りのよい場所に宿がない場合や、お遍路シーズンでは宿が満室となっている場合もある。そのような場合はやむなく若干引き返したり、ときにはキャンプサイトでテント泊をした（図9.4）。**お遍路中は歩く以外は何もやることがないので自撮りした。**

図9.4：宿泊所が満室だったときに止むなく利用したキャンプサイト。セルフタイマーでの自撮り
写真 篠田 裕之 撮影

　お遍路の道中は過酷でありつつも無心になれる。山寺を目指して傾斜がきつい山道を歩いたり（図9.5上）、何もない海岸線を延々と歩く日もある（図9.5下）。お寺から次のお寺までの距離は5kmほどのときもあれば、次のお寺まで77kmあるときもある。1日の最初は歩きながら日々の人間関係含め様々なことが頭をよぎる。しかし昼を過ぎたあたりから、なぜこんなことをしているのかわからなくなり後悔の念が生まれ始める。夕方頃には40kmほどを歩いた状態であり、**体力的にもう何も考えられず強制的に無心状態となっている。**

図9.5：道中は街中も通るが山道や海岸線も多い
写真 篠田 裕之 撮影

　参拝手順は通常のお寺参りと同様となる。門前にて合掌して一礼、手水で手と口を清め、鐘をついてご挨拶する。本堂にお賽銭、納札を納め、合掌してお経を唱える。続いて大師堂でも同様にお勤めをし、最後に納経所で御朱印をいただく。

データサイエンティストはお遍路をデバイスで記録する

　ここまで通常のお遍路について述べた。しかし私はデータサイエンティストだ。お遍路中のデータはログとして残したいし、悟りに至る過程はデータで検証したい。そこでお遍路中は各デバイスで私の身体データを計測することにした。またオープンデータなどを用いて参拝中の状況を記録した。使用したデバイスと取得データは表9.1の通りとなる。

表9.1：使用したデバイスと取得データ

デバイス/データソース	取得データ
fitbit	GPS位置情報データ、（推計）消費カロリー
spire	呼吸による推計緊張度
muse	脳波
THETA	参拝時の表情
THETA、目視	参拝時の自分以外の参拝人数
amedas	巡礼中の天候（降水量、最高/最低気温、最大風速）

　表9.1のデバイスの電源を確保するためのモバイルバッテリーや充電アダプタも必要となる。前述の通り、全荷物を持って歩いて次のお寺・宿泊所を目指して移動するため、**いかに荷物を減らすかが肝となるが極限まで荷物を減らした上で、荷物の半分がデジタルデバイス関連という状況となった**（図9.6、図9.7）。

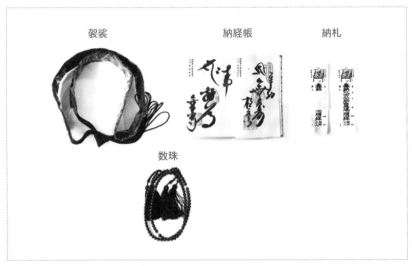

図9.6：通常のお遍路の装備
写真 篠田 裕之 撮影

図9.7：データサイエンティストがお遍路する際の装備
写真 篠田 裕之 撮影

巡礼および参拝時の手順は以下の通りとなる。

1. まずはその日の始めにfitbitとspireを起動し、位置と呼吸の計測を開始する。
2. お寺に着いたら通常の参拝手順後、THETAで自身の表情を含む360度写真を記録、THETAの写真と目視で自分以外の参拝人数を確認する。
3. 本堂でのお勤め前にmuseを装着し、脳波を計測しながらお経を唱える（図9.8）。

このようなデバイスによるデータ取得やデータ解析は私にとってお経を唱えるのと同じく、悟りに至る修行の行為となる。

図9.8：脳波計をつけて読経中の筆者（セルフタイマーによる自撮り）
写真 篠田 裕之 撮影

　本来はすべての行程を巡った上で本稿を執筆したいところだが、2021年執筆時点における新型コロナウイルスの感染状況を鑑みて、お遍路は一時休止している。そこで巡礼済みの64番札所・前神寺までのデータを用いて分析し、**今後お遍路を再開したときに、よりよい悟りの道程のためにどのようなことに気をつけていくべきかを考察する**。むしろ、このタイミングで一度振り返ることはよいことなのかもしれない。

自分が悟りに近づいていないことを
認めざるを得ないお遍路データ

　これまでに収集したデータの概要（表9.2）について述べる。これまでに7回の区切り打ちを行った（2018年は業務繁忙につき休止）。

表9.2：区切り打ちごとの期間・区間・歩行距離

期間	区間	期間中の総移動距離（歩き）
2017/05/01 ～2017/05/06	1番札所：霊山寺～23番札所： 薬王寺～日和佐駅（中断）	180.47km
2017/09/15 ～2017/09/20	日和佐駅（再開）～29番札所： 国分寺～後免駅（中断）	177.96km
2017/12/02 ～2017/12/05	後免駅（再開）～37番札所： 岩本寺～窪川駅（中断）	123.99km
2019/04/27 ～2019/05/01	窪川駅（再開）～38番札所： 金剛福寺～平田駅（中断）	160.43km
2019/07/08 ～2019/07/12	平田駅（再開）～43番札所： 明石寺～内子駅（中断）	149.65km
2019/09/23 ～2019/09/27	内子駅（再開）～53番札所： 円明寺～伊予北条駅（中断）	131.04km
2019/12/03 ～2019/12/06	伊予北条駅（再開）～64番札所： 前神寺～石鎚山駅（中断）	153.46km

　データによって取得粒度は異なり、最も粒度の細かいGPS位置情報データを可視化したものが図9.9となる。四国を徳島から出発して高知・愛媛と巡礼し、区切り打ちながらも巡礼路が途切れず中断地点から正確に再開できている様子がわかる。これまで1077kmを歩いた。

　印象として一番苦しかったのは、山道ではなく地図上右下にあたる高知の室戸岬、24番札所・最御崎寺に至る道中であった。23番札所・薬王寺からのお寺間の距離も長く道中に休める場所が少ない。また天候が荒れていたということも疲弊した理由のひとつである。

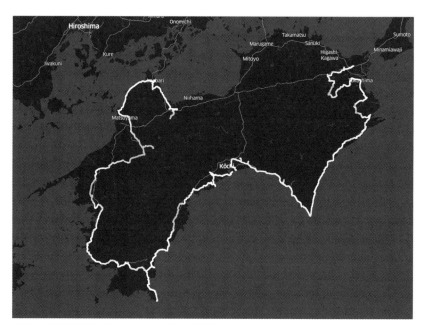

図9.9：GPS位置情報データによるお遍路の可視化

　amedasによる行程ごとの天候データは図9.10となる。横軸は各札所に至る行程を表し縦軸に最大風速と降水量をプロットしている。室戸岬周辺の24番札所に至る行程で降水量・風速ともに高まっていることがわかる。足摺岬周辺の38番札所・金剛福寺に至る行程も降水量が多かった。岬にはよい思

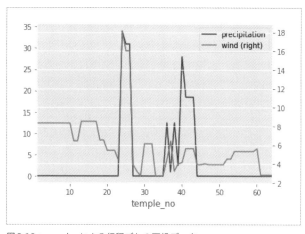

図9.10：amedasによる行程ごとの天候データ

い出がない。

　fitbitによる行程ごとの消費カロリーの推移は図9.11となる。縦軸が消費カロリー（kcal）、横軸は各札所に至る行程を表す。上記の天候データと合わせてみると、24番札所、38番札所に至る行程はお寺間の距離が長く消費カロリーが多い上に天候が荒れていたことがわかる。岬にはもう行きたくない。

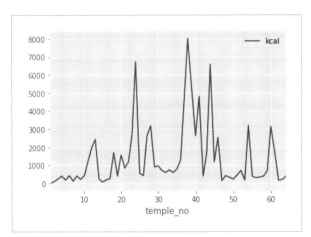

図9.11：fitbitによる行程ごとの消費カロリーの推移

　museによる各お寺での読経中の脳波の測定は、4章と同様、β / α値をリラックス（緊張）度の目安として用いることにする。図9.12が各お寺での読経中のβ / α値平均の推移となる。値が低いほどリラックスできていることを表す。読経中にリラックスできていれば精神的な"常"に近づいていると考えることができるかもしれない。

　残念ながら全体的に右肩下がりとは言えない。30番札所までは減少傾向にあるように見えるが、31番札所で増加している。のちほど別のデータで述べるが31番札所は私以外の参拝人数が多く脳が活性化してしまっている。その後、徐々にまた調子を戻し44番札所の頃にはかなりリラックスして読経できていたようだが、そこからまた徐々にβ / α値が上がっている。

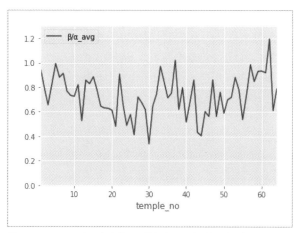

図9.12：museによる各お寺での読経中のβ / α値平均の推移

　脳波計測値は読経時における`timestamp`ごとの脳波の推移の記録となるため、各お寺での読経時間を算出できる。図9.13が各お寺での読経時間の推移となる。

　1番札所でのお遍路当初は般若心経の読経はたどたどしく94秒ほど要していたが、徐々に慣れていき30番札所に至る頃には60秒弱となっている。ただし私は般若心経の読経をどの程度の速度で読むのが適切なのかわかっていない。よって読経時間はあくまで私にとっての、読むのにいっぱいいっぱいになるのではなく無心に読経できているか、という尺度と考えてもらいたい。**課題ごとに適切なネットワークモデルと損失関数を定義できるデータサイエンティストは多くいるだろうが、般若心経をそらんじられるデータサイエンティストは数少ないのではないだろうか。**

　図9.13のグラフで37番札所から38番札所での読経時間が大きく増加していることがわかる。これは37番札所までは2017年に歩いていたが業務上の都合で1年以上中断し、2019年に再開したことで般若心経を忘れてしまったことによる。同様に、**コロナでお遍路を中断している2021年執筆中の現在、私は般若心経を忘れた。**わずか1段落前の驕りを撤回したい。

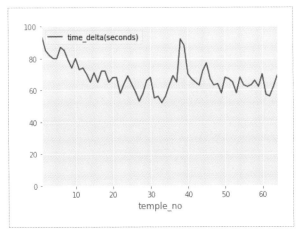

図9.13：各お寺での読経時間の推移

　spireから得られる計測値は呼吸リズムをもとに推計された一定時間ごとの「calm（落ち着き）」「focus（集中）」「sensitive（緊張）」「active（活動）」「sit（座席中）」を判別するものとなる（表9.3）。ただし本データは離散的かつ非常にノイズが多く、のちほど述べる予測モデルの作成には用いていない。本データをどのように活用すべきかは目下検討中である。表9.3の表において各値はその時点から何分ほどその状態が持続したかを表す。

表9.3：spireによる呼吸リズムからの各状態の推定

	ohenro_trip_no	day_no	day	time	calm	focus	sensitive	active	sit
0	1	1	2017/05/01	8:31	2.0	NaN	NaN	NaN	NaN
1	1	1	2017/05/01	8:38	NaN	6.0	NaN	NaN	NaN
2	1	1	2017/05/01	8:50	NaN	NaN	NaN	2.0	NaN
3	1	1	2017/05/01	8:58	NaN	NaN	NaN	3.0	NaN
4	1	1	2017/05/01	9:06	NaN	NaN	NaN	14.0	NaN

　今回の唯一の画像データである参拝時の画像（自身の表情および巡礼時の参拝人数確認のための全景）の例は図9.14となる。

図9.14：THETAによる360度画像での参拝時表情（および参拝人数）の記録例
写真 篠田 裕之 撮影

画像はそのままでは他のデータと統合しにくく扱いづらいため、Microsoft Azure の Face Detection API（ URL https://azure.microsoft.com/ja-jp/services/cognitive-services/face/#demo）を用いて感情分析した結果を用いた（図9.15）。

図9.15：Microsoft Azure Face Detection（2021年執筆時点）

Face Detection APIを用いると、顔画像を「anger（怒り）」「contempt（軽蔑）」「disgust（嫌悪）」「fear（恐れ）」「happiness（幸せ）」「neutral（平

常）」「sadness（悲しみ）」「surprise（驚き）」の８つの感情の確率を取得することができる（どの感情（表情）かの判定結果ではなく、各感情の確率を計測できることが Google Vision API ではなく本稿で Microsoft Azure Face Detection を用いた理由である）。これらのうち、特に neutral の値が悟りを示す値に近いと思われる（図9.16）。

```
"glasses": "NoGlasses",
"makeup": {
  "eyeMakeup": false,
  "lipMakeup": false
},
"emotion": {
  "anger": 0.001,
  "contempt": 0.026,
  "disgust": 0.0,
  "fear": 0.0,
  "happiness": 0.001,
  "neutral": 0.965,
  "sadness": 0.005,
  "surprise": 0.0
},
"occlusion": {
  "foreheadOccluded": false,
  "eyeOccluded": false,
  "mouthOccluded": false
},
"accessories": [],
"blur": {
  "blurLevel": "low",
  "value": 0.15
},
"exposure": {
  "exposureLevel": "goodExposure",
  "value": 0.42
}
```

図9.16：表情画像の感情成分分析の例（顔位置の判定（左）および表情からの感情確率（右））

　表9.4 が顔画像からの感情確率の例、および図9.17 にお寺ごとの各感情確率の推移をプロットしたものを示す。

表9.4：顔画像から得られる感情確率の例

	no	anger	contempt	disgust	fear	happiness	neutral	sadness	surprise
0	1	0.0	0.000	0.0	0	0.000	0.954	0.040	0.0
1	2	0.0	0.001	0.0	0	0.007	0.979	0.013	0.0
2	3	0.0	0.000	0.0	0	0.668	0.332	0.000	0.0
3	4	0.0	0.000	0.0	0	0.672	0.327	0.000	0.0
4	5	0.0	0.000	0.0	0	0.003	0.996	0.001	0.0

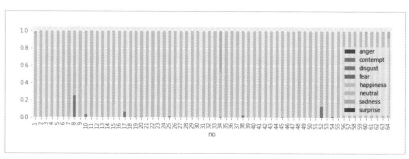

図9.17：お寺ごとの各感情確率の推移

　図9.17を見ると、neutralを妨げる最も強いほかの感情はhappiness
であるように思われる。お遍路を始めた10番札所付近までは特にお寺に着
いた安堵から無意識に笑みが溢れてしまっている。以降はある程度感情を抑
えることができているが、37番札所では2017年最後のお遍路で一区切りで
あったことから**満面の笑み**であった。また34番札所では"sadness"の感情
が他のお寺のときよりも非常に高いことがわかる。区切り打ち2日目でまだ
そこまで疲労もない上に天候もよく参拝人数もほどほどで、かなり条件は良
かったはずであるが、何が起きたのか全く思い出せない。**満面の笑みの表情、
悲しみの表情、どちらもかなり厳しい写真なので掲載は控える。**

　参拝時の私以外の同時参拝者の人数は、そのお寺がお遍路さんに限らず地
元民・観光客含め参拝しやすいかを示す指標となる。参拝のしやすさがその
お寺に行くまでの疲労度と関係があったり、参拝時の人の多さが読経時の集
中力に影響を与える可能性がある。同時参拝者人数はTHETA画像および目
視により測定し、曜日・祝日フラグとともに記録した。表9.5がその例となる。

表9.5：各お寺における同時参拝人数の記録例

	No	temple	timestamp	hour	weekday	holiday	male	female	all
0	1	霊山寺	2017/05/01 08:51	8	月	0	13	5	18
1	2	極楽寺	2017/05/01 09:33	9	月	0	8	7	15
2	3	金泉寺	2017/05/01 10:04	10	月	0	4	3	7
3	4	大日寺	2017/05/01 11:11	11	月	0	6	2	8
4	5	地蔵寺	2017/05/01 11:48	11	月	0	4	3	7

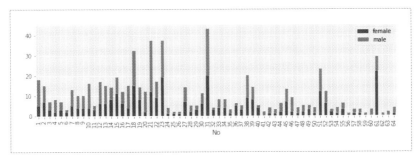

図9.18：各お寺における同時参拝人数の推移

　あくまで私が参拝したタイミングにおいて、ということではあるが、21番
札所・太龍寺、23番札所・薬王寺、31番札所・竹林寺は特に参拝人数が多
かった（図9.18）。太龍寺は山頂のお寺だがロープウェイでも行くことがで
き、人気の場所となる。薬王寺はJR日和佐駅からのアクセスも良く、広い境
内を持ち瑜祇塔前からは日和佐の街を一望できる。竹林寺は高知駅周辺のエ
リアにあり、美しい庭園を持つことから観光客も多い。各お寺の参拝人数は
私が参拝したときにたまたま団体客が来たりすると多くカウントされてい
る。よって上記の数字は各お寺の平均的な参拝者数を表すものではなく、私
の集中力に影響を与えるであろう私と同時に参拝した人の数を計測したもの
であることに留意されたい。

　以上の値を用いて「悟りに至る状態」を解析していく。今回のデータ中、参
拝時の表情からのneutral感情の確率、および読経中の脳波におけるβ / α
波によるリラックス度合いは"悟り"の目安として1つの基準となると思わ
れる。よって表情データおよび脳波データをまとめた独自の複合指標を正解
データとして解析を行うことにする。

　表情データにおけるneutral値は確率を表す一方で、読経中のβ / α値
はあくまで脳波の成分比率である。そこでβ / α値の逆数をシグモイド関数
で変換したものを脳波からの常確率（精神状態が安定している確率）とみな
す。これらの確率を平均したものを今回の悟り指数（意味合いとしては2つ
のデータソースからの"常確率"の平均）とする。

悟り指数

＝（読経中の脳波からの常確率× 0.5 ＋（参拝時の表情からの常確率）× 0.5

※上記において読経中の脳波からの常確率 $= \dfrac{1}{(1 + e^{(-\alpha / \beta)})}$

　1番札所での読経から64番札所までの読経中の脳波からの常確率、および参拝時の表情からの常確率の推移は図 **9.19** となる。

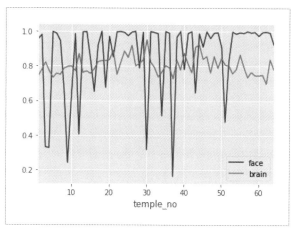

図9.19：各お寺ごとの脳波および表情からの常確率推移

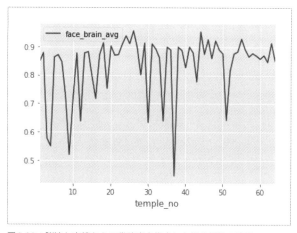

図9.20：脳波と表情からの常確率を複合した悟り指数の推移

脳波よりも表情からの感情推定によって常確率が上下しているが、52番札所以降は表情が安定していることで起伏が落ち着いている。図9.20に示した各札所での悟り指数について、参拝にいたるまでの消費カロリーや参拝人数などをもとに機械学習で解析することを試みる。

悟り指数を機械学習で推計する

悟り指数、およびその元となる参拝時の表情からの常確率、および読経中の脳波からの常確率を含む参拝に至るまでの各データを集計・集約したものは表9.6となる。

表9.6：悟り指数および参拝に関する各種データ

項目	単位	概要
悟り指数	%	表情と脳波から算出した常である確率
表情からの常確率	%	表情から算出したneutralな感情である確率
脳波からの常確率	%	脳波から算出した常である確率
時刻	h	参拝したときの時刻（hour）
参拝人数	人	参拝したときに自分以外に同時にお寺にいた人数
参拝日最高気温	℃	参拝日の最高気温
参拝日最低気温	℃	参拝日の最低気温
参拝日降水量	mm	参拝日の降水量
参拝日最大風速	m/s	参拝日の最大風速
寺間総消費カロリー	kcal	前のお寺からの総消費カロリー
参拝日消費カロリー	kcal	参拝日の総消費カロリー
区切り期間内総消費カロリー	kcal	区切り打ち期間内の総消費カロリー
寺間総歩行距離	km	前のお寺からの総歩行距離
参拝日歩行距離	km	参拝日の総歩行距離
区切り期間内総歩行距離	km	区切り打ち期間内の総歩行距離

表9.6のうち、「参拝時の表情からの常確率」、「読経中の脳波からの常確率」を除き、「悟り指数」を目的変数に、それ以外を説明変数として予測モデルを作成する（表9.7）。

表9.7：悟り指数および参拝に関する各種データ例

	temple_no	satori	hour	people	max_temp	min_temp	precipitation	wind
0	1	0.847543	8	18	26.8	13.9	0.0	8.3
1	2	0.878716	9	15	26.8	13.9	0.0	8.3
2	3	0.576629	10	7	26.8	13.9	0.0	8.3
3	4	0.549223	11	8	26.8	13.9	0.0	8.3
4	5	0.864162	11	7	26.8	13.9	0.0	8.3

kcal	day_total_kcal	trip_total_kcal	km	day_total_km	trip_total_km
0	0	0	0.00	0.00	0.00
99	99	99	1.21	1.21	1.21
241	340	340	3.00	4.21	4.21
397	737	737	4.96	9.17	9.17
178	915	915	2.29	11.46	11.46

　お寺ごとに集約したため、データサンプルが少ない点に留意されたい。50番札所までを学習データ、以降を検証データとしてLightGBMを用いて悟り指数を予測するモデルを作成した。図9.21が作成したモデルによる悟り指数の予測と実際の値の比較となる（50番札所までは学習データとして使用している点に留意）。実際の値ほど大きく値が上下する予測とはなっていないものの、ある程度は増減傾向を捉えることができている。

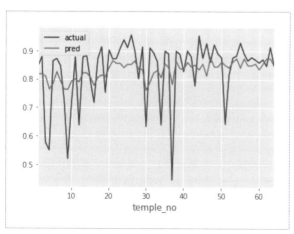

図9.21：悟り指数の予測と実際の値の比較

作成したモデルにおいて各変数の重要度は図9.22となった。

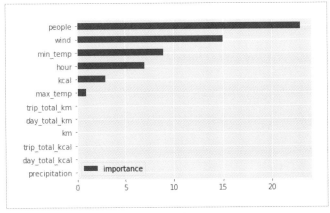

図9.22：予測モデルにおける各変数の重要度

　孤独を克服するためのお遍路であったが、平常心に最も影響を与えるのは参拝時にお寺にいる参拝人数という結果となった。悟り指数と参拝人数の推移をプロットしたものは図9.23となる。

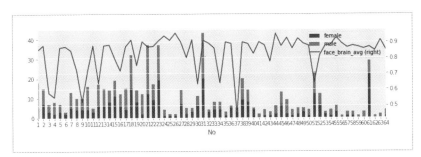

図9.23：悟り指数と参拝人数の推移のプロット

　参拝人数だけで説明できるわけではないが、図9.23のプロットを見ると参拝人数が多い場所で必ずしも感情が乱れているわけではないものの、24、25、26番札所など参拝人数が少なかったときは概ね落ち着いている（悟り指数が高い）ようだ。図9.23は脳波や表情からの感情推計ではなく、それらの複合指標をもとにしていることに留意されたい。例えば前述の通り31番札所は脳波だけで見ると活性化していたが、表情と合わせた複合指標で見ると、そこまで低い常確率ではない値となっている。

　参拝人数に次いで予測モデルの重要度が高かった変数は参拝時の最大風速、最低気温となった。天候が乱れているときは人出も少ないと思われるため、これらは参拝人数にも影響する値と思われる。各お寺参拝日ごとの降水量と最大風速および参拝人数のプロットを見てみる（図9.24）（降水量と最大風速は単位が異なるが便宜上どちらも第2軸としてプロット※1）。

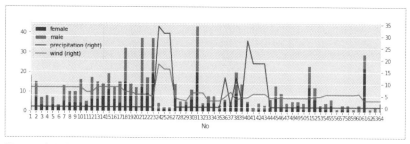

図9.24：各お寺参拝日ごとの降水量と最大風速および参拝人数のプロット

　雨風が強い日は参拝人数は少ないようだ。雨風が強いことで感情が乱れる様子は見られず、むしろそのようなときほど心が落ち着いているのかもしれない。なお、降水量は0の日が多くモデルの重要度としては高くない。

　その他、参拝した時間と前のお寺からの消費カロリーが続く。図9.25は参拝時間ごとの前のお寺からの消費カロリーの平均をプロットしたものとなる（前述の通りお寺の納経所が7〜17時までとなることから、参拝時間は7〜16時までの間となっている）。

※1　本来、降水量と最大風速は単位が異なるため、異なる軸（第1軸、第2軸にわける）にする、あるいは別のグラフにすることが適切と思うが、ここでは降水量と最大風速の数値範囲が同じため軸を揃えている。

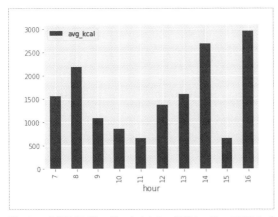

図9.25：参拝時間ごとの前のお寺からの消費カロリーの平均をプロット

　朝6時前から歩き始めて1つ目のお寺に行く時間が8時前後、11時前後に参拝するときはお寺が近くに密集している場合のため消費カロリーは少ない。午後以降の参拝は1日歩いたのちにたどり着くお寺であることが多いことから平均消費カロリーは大きい（なお15時台に訪問したのは9番札所のみであり、その日は1番札所から9番札所まで多くのお寺を巡礼した日であった）。

　よって参拝した時間と前のお寺からの消費カロリーは相互に関連し、ともに疲労度を表す指標となる。図9.26は各お寺ごとの前のお寺からの消費カロリーと悟り指数の散布図となる。

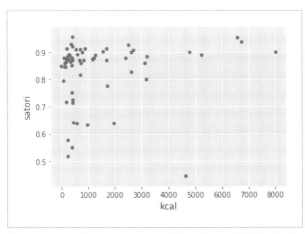

図9.26：各お寺ごとの前のお寺からの消費カロリーと悟り指数の散布図

　図9.26の散布図を見ると消費カロリーが少ないときは悟り指数が高いときもあれば低いときもある。しかし、消費カロリーが多いと概ね悟り指数が高いことがわかる。疲れすぎると何も考えられず無心になるようだ。

　例外は37番札所（前のお寺からの消費カロリー（kcal）」：4636、悟り指数0.44）であり、前述の通りその区間における区切り打ち最終日の安堵感から満面の笑みであった日である。

　以上、悟りに関する様々な考察を行った。精神の安定は参拝人数に影響を受けるという結果から、周囲の参拝人数が多いほど自分が孤独であることを意識せざるを得ないことを思う。現状の私は、周囲の環境に精神が揺さぶられすぎているようだ。ゆえに悟りに至るには、**在宅中の孤独に怖気付くことなく、街中で同僚に遭遇することを避けず、飲み会や飲み会の帰り道でも落ち着いて、周囲に人間がいてもいなくても常に平常心であることが求められる**。感情を落ち着かせるには身体的な追い込みと表情をコントロールすることが重要であり、CHAPTER3の感情同期漫画はその訓練になると思われる。悟りのヒントは本稿までに考察してきた**日常の孤独に隠されていた**のだ。

9.3 解説・今後の課題

muse による脳波計測

　museでは7つのEEGセンサによる脳波計測を行うことができる。しかし公式アプリでは「Active」「Neutral」「Calm」の推移など、加工済みの解釈しやすいデータでの確認しかできない（図9.27）。

　7つのEEGセンサのローデータをそのまま入手したい場合は、iOS/Android/Mac/Windowsの各種SDKを用いてデータを取得するか、あるいはそれらを利用したサードパーティのアプリを用いる必要がある。サードパーティ製のアプリを利用する場合は用途に応じて個人の判断と責任で利用する必要があるが、例えばMind Monitorなどのアプリがわかりやすい（図9.28）。計測結果はcsvファイルとして保存できる。

図9.27：muse公式アプリでの計測表示例

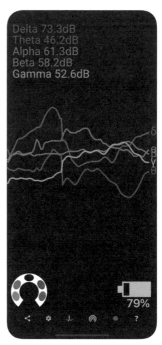

図9.28：Mind Monitorでのmuse計測値の表示例

fitbitによる各種データのtcxファイル入手・前処理

　fitbitの公式サイト（**URL** https://www.fitbit.com/）にログインすると、これまでのアクティビティを一覧で確認することができる（図9.29）。アクティビティを選択すると個別の結果を詳細に時系列で確認できるほか、右上のメニューボタンから「TCXファイルとしてエクスポート」をクリックすると、tcx形式でダウンロードできる。

図9.29：fitbit公式サイトでのログの確認

　前述のtcxファイルを機械学習で扱いやすいDataFrame形式に変換するコードの例を示す。まずは必要なパッケージをインポートする（**リスト9.1**）。本稿ではHTMLパーサーである「Beautiful Soup」を用いた方法を紹介する。
　もしまだBeautiful Soupをインストールしていない場合はターミナルで「pip install beautifulsoup4」を実行しておく。その他、DataFrame形式のファイルを扱うpandasと、パターンマッチで複数のファイルを取得できるglobをインポートしておく。

```
import bs4
import pandas as pd
import glob
```

処理を行う Notebook のファイルと同じディレクトリに「gps_data」というフォルダを作成し、その中に fitbit サイトからダウンロードした tcx ファイルを保存している場合、**リスト 9.2** で tcx ファイルのパス一覧を取得できる。

リスト 9.2 tcx ファイルのパス一覧の取得

```
gps_files = sorted(glob.glob("./gps_data/*.tcx"))
```

パス一覧を取得したら、各パスに Beautiful Soup でアクセスしたのち、「time」（時刻）、「latitudedegrees」（緯度）、「longitudedegrees」（経度）、「altitudemeters」（高度）の一覧を取得しリストとして保存する（**リスト9.3**）。私のログでは上記の値は欠損がなかったが、もし欠損がある場合は前後の値で補う必要があるだろう。

リスト 9.3 「time」（時刻）、「latitudedegrees」（緯度）、「longitudedegrees」（経度）、「altitudemeters」（高度）の一覧を取得

```
data_list = []

for gps_file in gps_files:
    tmp_soup = bs4.BeautifulSoup(open(gps_file), ⮕
'html.parser')

    time_list = tmp_soup.find_all('time')
    lat_list = tmp_soup.find_all('latitudedegrees')
    longi_list = tmp_soup.find_all('longitudedegrees')
    alti_list = tmp_soup.find_all('altitudemeters')

    for i in range(len(time_list)):
        data_list.append([time_list[i].text, ⮕
lat_list[i].text, longi_list[i].text, alti_list[i].text])
```

　上記で得られたリストをDataFrame形式に変換しcsvファイルとして書き出しておく（リスト9.4）。このファイルを用いてデータ分析や機械学習、次項で解説する可視化を行う。

リスト9.4　DataFrame形式に変換しcsvファイルとして書き出す

In
```
data_df = pd.DataFrame(data_list)
data_df.columns = ["timestamp","latitude","longitude",➡
"altitude"]
data_df.to_csv("./data/gps_all.csv",index=False)
```

keplerを利用した位置情報データの可視化

　位置情報データはthree.jsやcreate.jsなどを用いて可視化することやGoogle Maps APIでGoogle Map上に可視化することもできる。本稿では簡易に位置情報データを可視化することができるkepler（ URL https://kepler.gl/）を用いた方法を紹介する（図9.30）。

図9.30：ブラウザベースの位置情報データ可視化サービスkepler

　keplerはUberが開発した位置情報可視化のための無償のオープンソースプロジェクトでブラウザベースで動く。可視化はファイルをドラッグ＆ドロップするだけで特別なプログラミングは不要である。地図はopen street map（無償のオープンマッププロジェクト）が用いられている。またサーバサイドではなくクライアントサイドで動作するため、データはどこにも送信されず、自分のブラウザ環境下のみでセキュアにデータ可視化ができる。凡例の色味や可視化のスタイルはかなり細かく変更・調整可能である。本章で掲載したfitbitデータの可視化は前述の前処理をしたcsvファイルをkeplerにインポートして色味などを調整したものである（図9.31）。

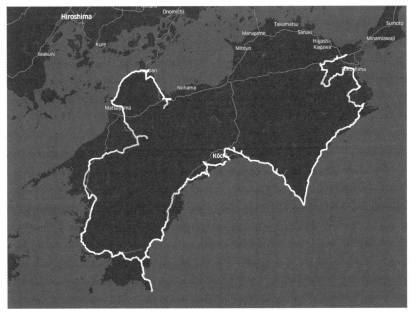

図9.31：keplerを用いたfitbitデータの可視化（再掲）

今後の課題・発展

　近年、各種デバイスを利用して個人でも多様な生体データに触れることができるようになった。

　例えばOura Ringという指輪型のウェアラブルデバイスを用いれば、心拍・呼吸・体温、そして睡眠に関するデータを計測することができる。また現在、次世代機の開発が予告されているJINS MEMEは眼球の動きから集中力の測定が可能だ。HeartGuideというスマートウォッチ型のデバイスは血圧を測定することができる。こうした様々な生体データを本稿の分析に加えることでより深い洞察が得られる可能性がある。

　またお遍路中は道中ずっと孤独ではなく、お接待を受けたり、お遍路中の方と会話することがある。道中の会話人数・会話量などは精神状態に影響するだろう。その他、自分が休憩中にスマホを操作する（してしまう）ことがある。最近のスマホでは使用履歴も可視化できるため、これらを分析に加えるのも面白いかもしれない。

　何よりもコロナが落ち着いたらお遍路を再開し、四国を歩きながら本章の予測が正しかったのかを検証したい。願わくば予測を上回る平常心でいられることを。

INDEX

さ

CONCLUSION おわりに

一期一会のデータサイエンティスト

　私の仕事はデータ分析だが、元来適当な人間だ。何百年に一度かの木星と土星が重なる瞬間を、1人ベランダから乱視の目で「きっとあそこらへんかな」というアバウトさで飛行機かもしれないぼんやりした光を眺めて満足している。

　とはいえ日々の妙なことが気になるし、こだわりもする。ただし興味が長続きはしない。理想は、流しのデータサイエンティストだ。街から街へと流れていき、その訪れた土地の課題をデータサイエンスで解決し、仕組みを作ったらまた次の街に流れていくのだ。

　本書は孤独に対してデータサイエンスで立ち向かうことをテーマとしてまとめたが、本当は「友人・知人は少なくてよい」と考えている。自分は人間関係にあまり固執しないほうだ。しかし本音を言えば、疎遠になった人に対しても、「自分のことは忘れてくれ」という気持ちと、「自分の今を知ってほしい」という気持ちが同居している。だから忘れたい出来事もわざわざデータサイエンスを使って検証し、こうして書籍にした。

　友人、家族、会社の同僚、この街の住人。出会えるはずで出会えなかった人たち、私の前から過ぎ去っていった大切な人たち、すべてに感謝を申し上げたい。あなたのおかげで私の健全な孤独は形成され、こうして今も自分と向き合いながら前向きに生きることができています。ありがとうございました。

　本書をお読みになった方々が自分自身のデータの分析・可視化に触発され、本書で述べたようなこと以外の様々なテクノロジー・分析手法による考察がWeb上にアップされることを楽しみにしている。それらを読んでみたいということが、執筆の動機の1つでもある。

　最後に本書の執筆にあたり、私のITmedia連載記事の掲載を快諾していただいたアイティメディア株式会社の関係者の方々、特にITmedia連載当時の担当者の村上万純氏には大変お世話になりました。佐藤弘文氏は文章校正にご協力いただきました。深田修一郎氏は各章のコード動作チェックの検証にご協力いただきました。翔泳社の宮腰隆之氏は、私の遅筆を辛抱強く見守り監修いただき、わかりづらい文章を適切に校正していただきました。感謝申し上げます。

2021年9月吉日

篠田 裕之

REFERENCES
・
WEB

参考文献

- 『[第3版]Python機械学習プログラミング 達人データサイエンティストによる理論と実践』（Sebastian Raschka、Vahid Mirjalili［著］、株式会社クイープ［翻訳］、福島真太朗［監訳］、株式会社インプレス、2020年）
- 『増補改訂Pythonによるスクレイピング＆機械学習 開発テクニック』（クジラ飛行机［著］、ソシム株式会社、2018年）
- 『[Python]N階マルコフ連鎖で文章生成』（URL https://qiita.com/k-jimon/items/f02fae75e853a9c02127）
- 『実例で学ぶRaspberryPi電子工作 作りながら応用力を身につける』（金丸隆志［著］、株式会社講談社、2015年）
- 『RaspberryPiクックブック 第3版』（Simon Monk［著］、水原文［訳］、株式会社オライリー・ジャパン、2021年）
- 『Create Game Characters with Blender』（URL https://www.udemy.com/course/create-game-characters-with-blender/）
- 『これからはじめるプロジェクションマッピング』（藤川佑介［著］、マイナビ出版、2014年）
- 『NATURE OF CODE Processingではじめる自然現象のシミュレーション』（Daniel Shiffman［著］、尼岡利崇［監修］、株式会社Bスプラウト［訳］、株式会社ボーンデジタル、2014年）
- 『ARKitとUnityではじめるARアプリ開発』（薬師寺国安［著］、株式会社秀和システム、2018年）
- 『UnityのARFoundationでAR空間に豆腐を召喚する』（URL https://qiita.com/shun-shun123/items/1aa646049474d0e244be）
- 『四国八十八カ所をあるく』（JTBパブリッシング、2016年）
- 『『空海の風景』を旅する』（NHK取材班［著］、株式会社中央公論新社、2005年）

PROFILE

篠田 裕之（しのだ・ひろゆき）

株式会社博報堂DYメディアパートナーズ。
データ分析をもとにした、メディア戦略立案・商品開発・コンテンツ制作を行う。
データ分析やデータビジュアライズに関するセミナー登壇、執筆多数。

・ホームページ
　URL https://www.mirandora.com

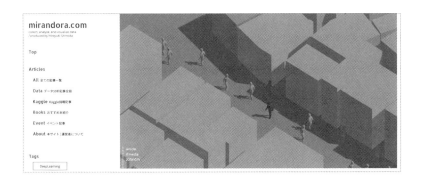

装丁・本文デザイン ‥‥ 大下 賢一郎

本文イラスト ‥‥‥‥‥ iStock / TarikVision

DTP ‥‥‥‥‥‥‥‥‥ 株式会社シンクス

校正協力 ‥‥‥‥‥‥‥ 佐藤 弘文

検証協力 ‥‥‥‥‥‥‥ 深田 修一郎

データサイエンスの無駄遣い

日常の些細な出来事を真面目に分析する

2021年10月28日　初版第1刷発行

著　者 ‥‥‥‥‥‥‥‥ 篠田 裕之（しのだ・ひろゆき）

発行人 ‥‥‥‥‥‥‥‥ 佐々木 幹夫

発行所 ‥‥‥‥‥‥‥‥ 株式会社翔泳社（https://www.shoeisha.co.jp）

印刷・製本 ‥‥‥‥‥‥ 株式会社ワコープラネット

ISBN978-4-7981-6525-7
Printed in Japan